中央民族大学 "985工程" 信息技术在民族地区发展中应用研究科技创新平台文库
国家语言资源监测与研究中心少数民族语言分中心计算语言学系列教材

◎ 主编 戴庆厦 赵小兵

# 云计算概论

MINORITY LANGUAGE INFORMATIZATION PROCESSING OVERVIEW

◎ 翁 彧 邱莉榕 李华昱／编著

中央民族大学出版社
China Minzu University Press

图书在版编目（CIP）数据

云计算概论/翁彧等编著.—北京：中央民族大学
出版社，2012.10
ISBN 978-7-5660-0281-5

Ⅰ．①云… Ⅱ．①翁… Ⅲ.①计算机网络—高等
学校—教材 Ⅳ.①TP393

中国版本图书馆 CIP 数据核字（2012）第 231499 号

**云计算概论**

编　著　翁　彧　邱莉榕　李华昱
责任编辑　蔚　然
封面设计　布拉格
出　版　者　中央民族大学出版社
　　　　　　北京市海淀区中关村南大街 27 号　邮编：100081
　　　　　　电话：68472815（发行部）传真：68932751（发行部）
　　　　　　　　　68932218（总编室）　　　68932447（办公室）
发　行　者　全国各地新华书店
印　刷　者　北京宏伟双华印刷有限公司
开　　　本　880×1230（毫米）　1/32　印张：7.125
字　　　数　180 千字
版　　　次　2012 年 10 月第 1 版　2012 年 10 月第 1 次印刷
书　　　号　ISBN 978-7-5660-0281-5
定　　　价　25.00 元

# 前　言

　　随着人类社会科技的进步和信息技术的飞速发展，在不同的科学领域已经积累了越来越多的数据，而在这些数据的基础之上展开的数据密集型研究和应用是推动科学技术进一步发展的关键环节。例如，在石油、材料、冶金、物理、天文、气象等领域都存在大量的数据密集型研究和应用需求。

　　数据密集型应用的发展趋势可以总结如下：（1）用户分散。数据的使用者在地理上是分散的。（2）数据量大。数据量和计算量越来越大，数据和计算能力越来越集中。逐渐形成一些聚合某个领域或学科的大型数据中心，而且还在不断扩展之中。（3）应用按需定制。用户希望根据自己的具体需要，方便地定制出所需的服务。（4）面向用户。用户希望利用身边简单的设备就可以访问其所需要的数据，并可以对这些数据进行处理。（5）虚拟化。用户期望不需要了解数据存储在哪里、计算集群的位置，透明地使用这些资源完成复杂的任务。所以，对于数据密集型的研究和应用，需要强大的计算基础设施的支撑。

　　当前，网格计算和云计算是当前两种主要网络计算形态，两者都试图将各种资源看成一个虚拟的资源池，然后向外提供相应的服务，但云计算与网格计算互有不同的侧重点。网格是大型的、虚拟化的、分布式的计算系统，网格计算的侧重点是将分布、异构、属于不同虚拟组织的资源组织起来，共同完成计算任务，通常是用聚合资源来支持挑战性的大型应用；云计算是分布式处理、并行处理和网格计算的进一步发展，将互联网中多种资源根据用户的实际需求，以服务的方式进行动态组合，以此提供更为强大的计算、存储和带宽能力，云计算侧重于利用聚合的资源运行分散的应用，充分利用数据中心的资源，向互联网客户提供多种服务。网格计算的多年发展，已经为全球的科学家提供了高性能计算基础设施，解决了紧张的计算和存储问题。然而，在归属于不同管理域的异构资源之上提供安全可靠的服务需要具有较高的复杂性，并且运行的开销是很大的，对于普通的科学家来说在使用上还存在一定的困难。从 e-Science 的发展趋势来看，应该使计算变得越容易，让科学家将时间花在真正的科学工作上，而不是计算工具上。所以，利用基于云计算思想的基础设施为数据密集型应用提供服务是一种很好的途径。

通过对云计算中所涉及的虚拟化技术、数据的语义集成、服务的表示与动态组合、工作流的表示与执行、面向用户的云计算交互接口等关键科学技术问题的研究，其意义体现在如下几个方面：（1）为实现科学云提供一个良好的参考模型。因为云计算还是一个新出现的计算形态，解决其中的重点科学技术问题，并探讨如何利用云计算满足数据密集型研究和应用中的需求是十分重要的研究内容，具有较高的研究价值。（2）科学云计算平台的实现，可以降低计算工具的使用难度，让更多的科学工作者更方便地直接使用计算基础设施所带来的强大功能。利用科学云，可以让科学家不必过多地关心计算工具的问题，而是把更多的精力放在真正的科学工作上，从而可以提高科研人员的工作效率。（3）科学云计算平台允许用户发布其制作的数据和计算服务。（4）将科学云计算平台应用于石油、材料、冶金、物理、天文、气象等领域，为领域中的数据密性研究和应用透明地提供计算和数据服务，可以推动这些领域的快速发展。

　　本教材受中央民族大学"985 工程"信息技术在民族地区发展中应用研究科技创新平台、国家语言资源监测与研究中心少数民族语言分中心、科技支撑计划课题"藏语维吾尔语语言资源监测关键技术研究与示范应用"（课题编号：2009BAH41B04）的资助。感谢北京科技大学胡长军教授、张晓明博士以及中央民族大学信息工程学院的各位老师为本书所付出的努力。

　　本教材主要由中央民族大学翁彧老师进行统一规划设计，其中第 1 章、第 7 章、第 8 章、第 9 章、第 10 章内容由翁彧老师编写，第 2 章、第 3 章、第 4 章由中央民族大邱莉榕老师编写，第 5 章、第 6 章由中国石油大学（华东）李华昱老师编写。由于时间仓促，水平有限，书中难免有疏漏之处，在此敬请广大读者批评指正。

# 目　　录

# 第1章　云计算基本概念及整体架构

**本章重点**
- 云计算的基本概念
- 云计算特点及与网格计算的区别
- 云计算平台整体架构

## 1.1 基本概念

（1）云计算

定义 1：云计算就是利用在 Internet 中可用的计算系统，能够支持互联网各类应用的系统。云计算是以第三方拥有的机制提供服务，为了完成功能，用户只关心需要的服务，这是云计算基本的定义。

定义 2：云计算是指用虚拟技术建造的数据中心或超级计算机，并以免费或按需租用方式提供给软件开发者，或称为硬件即服务 HaaS（Hardware-as-a-Service）。云是指互联网。和虚拟主机不同点是，云计算通过并行使用多台服务器，提供更强大的计算能力、存储和带宽。云计算面向的是软件开发者，而 SaaS（Software-as-a-Service）面向用户直接提供软件服务。云计算厂商通过硬件的随需应变虚拟化技术，让开发人员可以不用考虑硬件和带宽的制约来开发和运行应用程序。

（2）云计算基本特点

云计算明显的特点如下：

一是低成本，这是最突出的特点。

二是虚拟机的支持，使得在网络环境下的一些原来比较难做的事情现在比较容易处理。

三是镜像部署的执行，这样就能够使得过去很难处理的异构的程序的执行互操作变得比较容易处理。

四是强调服务化，服务化有一些新的机制，特别是更适合商业运行的机制。

（3）云计算与网格计算

网格计算与云计算的区别和联系可以总结如下：

相似点：计算的并行与合作的特点

区别：首先，网格计算的思路是聚合分布资源，支持虚拟组织，提供高层次的服务，例如分布协同科学研究等。而云计算的资源相对集中，主要以数据中心的形式提供底层资源的使用，并不强调虚拟组织的概念。

其次，网格计算用聚合资源来支持挑战性的应用，这是初衷，因为高性能计算的资源不够用，要把分散的资源聚合起来；后来到了2004年以后，逐渐强调适应普遍的信息化应用，特别是在中国，做的网格与国外不太一样，就是强调支持信息化的应用。但云计算从一开始就支持广泛企业计算、Web应用，普适性更强。

第三，在对待异构性方面，二者理念上有所不同。网格计算用中间件屏蔽异构系统，力图使用户面向同样的环境，把困难留在中间件，让中间件完成任务。而云计算实际上承认异构，用镜像执行，或者提供服务的机制来解决异构性的问题。当然不同的云计算系统还不太一样，像 Google 一般用比较专用的自己的内部的平台来支持。

第四，网格计算用执行作业形式使用，在一个阶段内完成作用产生数据。而云计算支持持久服务，用户可以利用云计算作为其部分 IT 基础设施，实现业务的托管和外包。

第五，网格计算更多地面向科研应用，商业模型不清晰。而云计算从诞生开始就是针对企业商业应用，商业模型比较清晰。

总之，云计算是以相对集中的资源，运行分散的应用（大量分散地应用在若干大的中心执行）；而网格计算则是聚合分散的资源，支持大型集中式应用。但从根本上来说，从应对 Internet 的应用的特征特点来说，他们是一致的，为了完成在 Internet 情况下支持应用，解决异构性、资源共享等问题。

（4）其他相关概念

① SaaS（Software-as-a-Service，软件即服务）

是软件通过互联网来交付，向用户收取月服务费。用户通过互联网来使用软件，不需要一次性购买软件、硬件，也不需要维护和升级。SaaS 运营商统一安装、升级、维护软件和硬件。

标准的 SaaS 软件的几个特点：一是用户注册后可以立即开始使用，或叫即需即用或叫随需应变。二是所有客户的程序和数据统一管理。三是程序和数据库采用多重租赁架构（Multi-tenant），从而提高稳定性、可扩展性，并降低维护成本。

② PaaS（Platform-as-a-Service，平台即服务）

如果一个 SaaS 软件也能给客户在互联网上提供开发（自定义）、测试、在线部署应用程序的功能，那么这就叫提供平台服务，也就是 PaaS。Salesforce 的 force.com 平台，和八百客的 800APP 是 PaaS 的代表产品。

③ Web2.0

Web 2.0 始于 2004 年 3 月 Reilly 公司和 Media Live 国际公司的一次头脑风暴会议。Tim O'Reilly 在 2005 年 9 月 30 日发表的"What Is Web2.0"一文中概括了 Web2.0 的概念，并给出了描述 Web2.0 的框图。该文成为Web2.0 的经典文章，他本人也成为 Web2.0 的代表人物。

Web2.0 至今还未有统一的定义，人们从不同的角度来理解和定义 Web2.0。Tim O'Reilly 的定义。Web2.0 概念的提出者 Tim O'Reilly 认为，Web 2.0 的经验是有效利用消费者的自助服务和算法上的数据管理，以便能够将触角延伸至整个互联网，延伸至各个边缘而不仅仅是中心，延伸至长尾而不仅仅是头部。Web 210 的一个关键原则是：用户越多，服务越好。

列举式定义。Web2.0 是包括博客空间(Blog)、维基(Wiki)、RSS (Really Simple Syndication)、社会性书签(Social Bookmark)、SNS (Social Networking Service)、Ajax 等一系列技术及其应用。

特征式定义。WikiPedia 关于 Web2.0 定义：网站不能是封闭的，它必须可以很方便地被其他系统获取或写入数据；用户应该在网站上拥有他们自己的数据；完全地基于 Web，大多数成功的 Web2.0 网站可以几乎完全通过浏览器来使用。

④ Mashup

Mashup 是 Web2.0 开放性的结果，也是开放性的具体体现。最初广泛流行起来的 mashup 之一是一个 Web 站点，它将芝加哥警局在线数据库中的犯罪记录与 Google Maps 上的地图复合在一起。用户可以与 mashup 站点进行交互，如告诉它在图形界面上显示一个包含图钉的地图，图钉展示南加州最近所有入室抢劫案件的详细信息。这种概念和呈现方式非常简单，犯罪和地图数据复合之后提供的可视化的功能非常强大。

　　mashup 程序从架构上是由三个不同的部分组成的，它们在逻辑上和物理上都是相互脱离的（可能由网络和组织边界分隔）：API/内容提供者、mashup 站点和客户机的 Web 浏览器。API/内容提供者是（有时是未知的）正在进行融合的内容的提供者，在 ChicagoCrime.org mashup 的例子中，提供者是 Google 和芝加哥警察局；mashup 站点是指 mashup 所在的地方；客户机的 Web 浏览器，这是以图形化的方式呈现应用程序的地方，也是用户交互发生的地方。（典型案例：GoogleMap，Flickr Photos 以及气象信息等。）

## 1.2　国内外研究现状

### 1.2.1　云计算的概念及基本现状

　　云计算是一个全新的计算范型，其定义还存在不同的观点，云计算中的各种挑战性科学技术问题还在探索之中。关于云计算的主要观点如下：云计算是一种计算范型，该范型关注于在一组可扩展的网络结点上共享数据和进行计算，这些结点可以使用户计算机、数据中心、Web 服务等，这一组网络结点就称为云；云计算结合了软件即服务（SaaS）、Web 2.0 等技术，利用来源于 Internet 的资源满足用户的计算需求，往往通过一个 Web 浏览器访问应用程序，软件和数据存储在服务器上；云计算可以看作通过 Internet 在一起工作的一组虚拟服务器，这些虚拟服务器可以

被动态地管理、监视和维护；云计算是为了向最终用户提供一个
可靠的、可定制的有服务质保证的动态计算环境。总之，云计算
的核心思想是利用虚拟化技术作为基础，透明地向不同用户提供
其所需要的资源和服务，使用户十分便利地就可以利用云中所提
供的资源完成自己的工作任务。

目前，在工业界和学术界，已经开始了一些关于云计算的项
目。除了 Amazon 的 EC2/S3 之外，Google Application Engine
可以让用户在 Google 强大可扩展的网络平台上构建自己的 Web 应
用服务，微软也提出了软件加服务的策略并正在推出 Windows
Azure 服务平台。IBM 和欧盟建立了关于云计算的联合研究计划
RESERVOIR，该项目将在其云计算模型中构建一个开放标准，用于
创建一个可扩展的、灵活可靠的框架。该项目集成虚拟化技术和
网格计算技术，构建下一代的服务基础设施，可以动态地、透明
地管理和分配资源和服务。另外，IBM 的蓝云计划基于 IBM 软件
的开放标准和开源软件，蓝云使用 Tivoli 软件管理服务器，保障
按需提供最优的性能。在用户提出最大需求的情况下，软件能够
快速地准备出跨越多个服务器的资源，可以无缝地为用户提供更
高的性能和可靠性。蓝云能够帮助客户快速地构建一个云计算环
境，在其企业级环境中测试其 Web 2.0 应用。

## 1.2.2 科学云的研究进展

从研究领域上讲，很多研究机构开始着手思考如何利用云计
算来推动科学研究工作，即利用云计算为 e-Science 服务，也就
是所谓的科学云。在美国，云计算的相关研究工作已经开始被关
注。美国国家科学基金会（NSF）已经与 Google、IBM、惠普、英
特和雅虎合作推动云计算的研究。2008 年，NSF 建立集群探索计

划（CluE, Cluster Exploratory initiative），其目标是为云计算更加易用和更加可靠进行相应的研究工作，让更多的学术研究人员能够访问由 IBM 和 Google 提供的大规模、分布式的计算资源。NSF 的 CLuE 计划目前已资助卡内基梅隆大学、佛罗里达国际大学和马里兰大学帕克分校三所大学，而且后续还要资助 10 个项目，每个项目资金为 500000 美金，而其寻找的是能够扩展数据密集型计算环境的项目。CluE 计划中的项目将展示出利用云计算进行科学研究，解决其他体系结构无法很好解决的新问题。另外，伊利诺斯大学香槟分校（UIUC）与 NSF、惠普、英特和雅虎等机构的合作，正在构建一个云计算实验床（Cloud Computing Testbed），为云计算基础设施中的高级研究问题（例如，自动资源分配，任务的调度、监测和管理）提供一个分布式的、Internet 规模的实验环境，为数据密集型计算提供更好的系统级的支持。

　　芝加哥大学（UC）和佛罗里达大学（UFL）已经开始起步进行科学云项目的研究工作，目标有两个：一个是让科学和教学项目可以利用 EC2 模式的云计算进行来进行试验工作；另一个更好的理解云计算带来的潜在挑战及应对策略。科学云项目可以让科学工作者在一段时间内租用一定的资源（与 EC2 类似），但与 EC2 服务不同，科学云并不需要用户付费，而是对用户进行验证后，为其在科学云上分配一个小型（为测试）、中型（为开发）或大型（为科学）的信用时间。UC 科学云和 UFL 科学云都采用 Nimbus toolkit 实现远程虚拟机资源租用。UFL 云的配置中在虚拟机上使用了私有 IP，利用网络虚拟化方式连接虚拟机和客户的机器。虚拟网络的使用使跨域部署、广域虚拟集群、无缝地克服广域网所带来的连接性限制成为可能。芝加哥大学的科学云 Nimbus 利用 Xen 虚拟机的形式提供计算能力，这些虚拟机通过 Nimbus 软件部署在芝加哥大学 Teraport 集群的物理结点上。Nimbus 云对于所有被认证的用户都是开放的，用户被认证后可以从云中得到被分配的资源。如果用户需要在一个特定的虚拟机镜像上部署一个工作空间，他既可以使用云中可用的虚拟机镜像，也可以上传用户自己的虚拟机镜像。

Cumulus 科学云项目是卡尔斯鲁厄工学院的 Steinbuch 计算中心的一个正在进行的云计算项目，其目标是为科学计算应用提供虚拟机、虚拟应用和虚拟计算平台，并构建一个云计算试验床和基础设施。Cumulus 被设计为分层的结构：Cumulus 前端层、OpenNEbula 层和 OS Farm 层。Cumulus 前端采用 Globus 虚拟工作空间服务，接受用户对虚拟机操作的需求；OpenNEbula 层充当局部虚拟管理系统，OpenNEbula 的前端与虚拟工作空间之间通过 SSH 通信，与其后端和 Xen hypervisors 也通过 SSH 通信；OS Farm 是一个产生和存储 Xen 虚拟机镜像和虚拟设施的服务，相当于一个虚拟机模板管理工具。

Carmen 是一个由英国工程与物理科学研究会资助的 e-Science 项目。该项目将提交一个关于神经生理学的虚拟实验室，用于数据的集成、共享与分析。神经活动记录（信号和图像系列）是主要的数据类型。该项目的研究人员来自英国的 11 所大学，关注于神经生理学数据的完整生命周期。Carmen 系统是基于云计算的 e-Science 平台，该平台在元数据的支持下可以实现数据的共享、集成和分析，提供了一组可扩展的服务用于从数据中抽取增值知识。神经信息学研究人员可以通过 Web 访问 Carmen 系统，他们可以为系统填充数据内容和服务。Carmen 的侧重点是构建并在云中部署一组通用的 e-Science 服务，在此基础之上构建神经信息学这个特定领域的一组服务。

　　Meandre 是伊利诺斯大学香槟分校（UIUC）研究开发的一个语义 Web 驱动的数据密集型流执行环境。Meandre 提供了数据密集型计算的基础设施，它提供了创建构件和流的工具、描述流的高级语言、基于面向服务范型的多核和分布式执行环境。Meandre 可以实现实行环境对用户透明。Meandre 强调构件的重用，流是基本计算任务（构件）所组成的有向图，与 MapReduce 不同，Meandre 的流可以是有环图或无环图。Meandre 中的元数据模型依赖于 3 个本体（RDF 本体、Dublin Core 元素本体、Meandre 本体）来实现，最终将元数据表示为 RDF 形式。Meandre 的体系结构分为 4 层：虚拟化基础设施、I/O 标准化层、数据密集型流基础设施、交互层。在虚拟化基础设施层，实现了 Meandre 虚拟服务器的按需分配和释放。总之，Meandre 提供了一个数据密集型流执行的基础设施，可以让用户根据需要构建、组装、执行构件和流。

　　此外，北卡州立大学利用云计算实现一个虚拟计算机实验室（VCL, Virtual Computer Laboratory）。Google 公司已经与清华大学签署合作协议，清华大学将成为内地首家参与到 Google 的有关云计算的合作项目中，并与 Google 公司联合开设"大规模数据处理"课程并展开云计算方面的共同研究。

## 1.2.3 科学云计算相关工具研究进展

　　Nimbus toolkit 基于 Globus 的虚拟工作空间服务发展而来，用于构建科学云。Nimbus 的主要目标是提供一个基础设施，通过资源租借的方式满足科学团体的需求。通过 Nimbus 的客户程序可以让用户浏览科学云中的虚拟机镜像、提交用户自己的虚拟机镜像到云中、部署虚拟机、查询虚拟机状态以及访问虚拟机。

　　Eucalyptus 是加州大学圣塔芭芭拉分校（UCSB）为进行云计

算研究而开发的，它是一个在集群上实现云计算的开源软件基础设施，其当前的接口与 EC2 的接口是兼容的，但该基础设施可以支持多种客户接口。Eucalyptus 利用 Linux 工具和基本的 Web service 技术实现，其所利用的计算资源主要是对研究人员可用的集群和工作站群组。为了让研究团体研究探索云计算系统，Eucalyptus 的设计强调模块化，允许研究人员通过使用自己的安全性、可扩展性、调度策略和接口实现。Eucalyptus 提供了一个通用的开源框架，让研究人员关注和讨论云计算中的科学问题，它由几个构件构成，这些构件之间通过定义好的接口进行交互。不同的研究人员可以利用其自己实现的模块替换掉标准的实现，如云计算中的虚拟机（VM）实例调度、云计算管理接口、虚拟网络的构建、服务等级协议（SLA）的定义和执行（云和用户之间以及云之间）、云计算用户接口。每个高层的系统构件都作为一个独立运行的 Web Service 来实现。Eucalyptus 一共有 3 个高层构件，分别是实例管理器、组管理器和云管理器。实例管理器控制虚拟机实例在相应主机上的执行、监察和结束；组管理器收集信息、调度虚拟机、管理虚拟实例网络；云管理器是用户和管理员对云的进入点，它查询并获取结点的资源、作出高层调度决策，并通过向组管理器发送请求来实现决策。

　　OpenNebula 是一个开源虚拟基础设施引擎，它将一个物理集群转换为一个灵活的虚拟基础设施，可以动态部署和再分配虚拟机，从而可以动态地适应服务负载不断变化的需求。OpenNebula 将虚拟平台的优点从一个物理资源扩展到一组资源。OpenNebula 在已有的虚拟平台的基础之上，在服务和物理设施之间创建一个新的虚拟层。这个新的虚拟层支持服务在物理集群上执行，有效地将服务器（配置好的虚拟机）与物理设施和物理位置分开。

Enomaly 的弹性计算平台（ECP）是一个可编程的虚拟云基础设施，可是实现在云中设计、部署和管理虚拟应用。该平台可以帮助实现虚拟数据中心。其提供的基于浏览器的 dashboard 可以让用户有效地计划部署、负载均衡等工作，可以分析、配置和优化云的容量。

综上所述，云计算是近年来的新兴网络计算范型，如何利用云计算推动 e-Science 发展、解决数据密集型研究和应用问题，是当前的研究热点。科学云计算中的关键技术问题（例如，服务组件元数据表示、数据的集成与管理问题、工作流的定制与执行问题、基础设施的虚拟化技术问题等）都是值得探讨和研究的课题。本项目的研究成果可以为多个不同领域的数据密集型研究和应用提供服务，具有重大的科学意义和实用价值。

## 1.3　云计算整体框架

### 1.3.1　设计目标

- 快速适应不断变化的需求问题
- 重用重复的任务
- 用简单方法描述复杂的问题
- 实现 Mashupable 应用
- 用户可以创建复杂任务
- 资源的透明性

### 1.3.2 框架分层结构设想

整体框架共分为五个层次：服务接入层、工作流层、领域组件层、资源访问层以及虚拟化基础设施。下面分别对平台各层次具体构成和所涉及的关键技术进行逐一介绍，如图 1-1 所示。

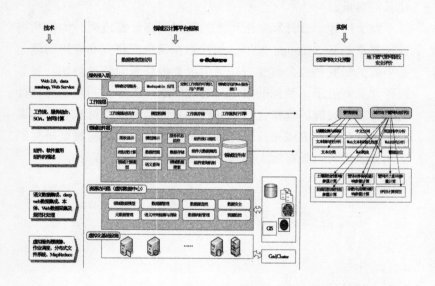

**图 1-1 云计算平台整体框架**

### 服务接入层

服务接入层是平台中向用户提供服务的数据接入层。对于一个云计算平台来说，服务接入层关系到平台服务的好用性及易用性。具体来说，服务接入层包括领域应用服务、Mashupable 应用、定制工作流的可视化用户界面以及领域应用服务接口。

● 领域应用服务：领域应用服务是指那些能够提供自满足式

应用的服务。这些服务既可以作为独立的 Web Service 向 End-User 提供服务，也可以通过用户定制的工作流进行服务组合。

● Mashupable 应用：借助服务所提供的 APIs，用户可以将远程服务以数据视图的形式内嵌在新的个性化应用上。该项应用不但大大简化了用户级应用程序开发过程，同时由于所有数据计算及存储都在远程服务端完成，用户不必关心数据更新，更增加了服务的实用价值。

● 定制工作流的可视化用户界面：作为云计算的典型特点，用户可以根据自身的实际需要，灵活地组织多种复杂应用服务。

● 领域应用服务接口：提供大量面向领域的应用服务 APIs，满足如 Mashup 和 E-Science 的多种应用。

关键技术：Web2.0、Data Mashup、Web Service。

**工作流层**

工作流层由工作流描述语言、模型检测、工作流存储和工作流执行引擎四个部分组成。借助工作流的定制、检测、存储和执行，平台可以灵活地实现多种服务的应用组合。例如：校园网络文化中，"警情预报"作为多项自满足式服务的应用组合，包括话题检测与追踪、文本倾向性分析、文本分类以及警源定位等服务。用户可以根据实际业务流程组合服务，以满足广泛的应用需求。

● 工作流描述语言：根据用户实际业务流程和相应应用服务接口，定制复杂的应用工作流。

● 模型检测：对用户定制工作流进行可行性验证，为进一步工作流存储和执行提供有效性保证。

● 工作流存储：针对不同用户进行工作流存储，并建立相应的工作流案例库，对于成熟的工作流以案例的形式提供给用户。

● 工作流执行引擎：执行工作流，并返回执行结果。

关键技术：工作流、服务组合、SOA、协同计算。

**领域组件层**

领域组件层主要任务在于存储并发布不同应用服务。该层是"软件即服务"的设计思想具体实现，以服务为基本处理单元。领域组件层由数据规范、领域组件库两部分组成。

● 数据规范
● 组件接口规范、组件元数据规范和组件查询规范
● 领域组件库
● 数据显示组件

图表显示、模型展示、服务状态监控。其中图表显示和模型展示为服务可视化的提供支撑。而服务状态则通过各项服务性能指标的实时获取得以实现。

● 应用服务组件

将服务组件按照不同功能进行划分，可以分为相似性计算、数据挖掘、数据存储、领域计算模型、语义查询和领域数据搜索等。在实际的工作流执行过程中，工作流执行引擎根据用户具体业务流程，调用相关应用服务，进而满足用户的多种复杂应用需求。

关键技术：服务组件、软件重用、组件描述。

**资源访问层（虚拟数据中心）**

资源访问层的目的在于将分散的资源（包括计算资源和存储资源）进行集中化管理，并为具体应用服务提供安全、透明的资源访问。其中所涉及的功能模块包括：

- 数据源管理
- 数据安全
- 元数据管理
- 语义冲突检测与消除
- 数据映射管理
- 资源监控

关键技术：语义数据集成、DeepWeb 数据集成、本体、数据采集和规范化处理。

### 虚拟化基础设施

虚拟化基础设施提供了具体计算和存储资源。平台可以根据需要扩展基础设施。一些科研单位的计算网格和分布式机群环境下的应用软件均可以虚拟镜像服务器的方式加入平台虚拟化基础设施。从而可以看出云计算平台和传统的网格计算以及机群应用所处层次不同，因此云计算平台可以看作网格计算、分布式计算、软件即服务在 SOA 架构下的商业实现。

关键技术：虚拟服务器镜像、作业调度（如 MapReduce 技术）、分布式文件系统等。

# 习 题

1. 举例说明云计算和网络计算的相同与不同点。

2. 自上而下按层次说明云计算架构组成情况。

3. 结合实际应用，说明目前主流云计算应用及其特点。

4. 在云计算的基本结构中，基础设施层主要提供最基本的计算、存储以及网络能力，请举例说明基础设施层与资源访问层之间的互联方式，并说明两者之间是否具有透明性。

5. 作为云计算的一项重要组成部分，服务构件有效地对原有计算或存储模型进行封装，请举例说明服务构件的接口标准与规范。

# 第 2 章　Web 服务

**本章重点**
- Web 服务简介
- 面向服务架构 SOA
- Web 服务特性
- Web 服务规范

## 2.1 Web 服务简介

SGML（Standard Generalized Markup Language）作为一种通用的文档结构描述的符号化语言，主要用来定义文献模型的逻辑和物理类结构，在 20 世纪 60 年代后期就已经存在了。但是由于其过于复杂，没有得到大规模的应用。进入 20 世纪 90 年代，HTML 作为面向呈现的标记语言得到迅猛发展，但 HTML 结构固定，难以扩展，缺乏必要的语义信息，不适用于信息交互。

为了克服 HTML 和 SGML 的弊端，1996 年 W3C 专家组对 SGML进行了裁减，形成了 SGML 子集，即为 XML（eXtensible Markup Language），XML 作为一种扩展性标记语言，成为描述电子商务、多媒体演示数据等各种各样数据应用语言的基础语言。通过 XML

　　的应用，开发者可以附加语义和上下文信息，并可实现跨越互联网协议传输。XML 的出现和发展为未来的 Web 服务奠定了很好的技术基础。

　　从 20 世纪 90 年代到 21 世纪初，Web 应用主要围绕 Internet 上的数据展开。在几乎所有的应用中，这种面向数据的应用总是由使用者通过使用 Web 浏览器等工具的方式完成。

　　XML 技术以及其他相关技术的快速发展改变了 Web 应用发展的格局：它将 Web 应用从信息交互的领域扩展到了服务交互的领域，这种服务交互就是当前引起工业界和学术界关注的 Web 服务。

　　Web 服务的基本思想就是使应用程序也具有 Web 分布式编程模型所具有的松散耦合性。Web 服务提供一个建立分布式应用的平台，使得运行在不同操作系统和不同设备上的软件、用不同的程序语言和不同厂商开发的软件都可以利用这个平台实现分布式计算的目的。

　　下面我们介绍 Web 服务的相关概念。服务，它代表了给用户提供的一种功能，以帮助用户解决其问题。在面向服务计算中，服务是指具有规范封装的软件或资源，可以对它进行规范的使用。目前服务的具体形式有 Web 服务(Web Services)、Grid 服务(Grid services)等。为了更好地理解服务的概念，我们给出关于服务的一些权威的定义。

　　● 第一届面向服务的计算国际会议上的定义

　　服务是一类自治的、平台独立的计算元素，采用基于 XML 的方式可以对其进行描述、发布、发现及组合，从而能够支持大规模分布式应用的构造。

● W3C 的定义

从服务提供者和服务使用者角度来看，服务是由不同服务提供者面向不同服务使用者提供的一组遵循标准定义的操作。

● Steve Graham 等人的定义

服务是独立于特定平台及实现的软件组件，它能够被一个服务描述语言描述，在一个服务注册库发布，通过标准的机制发现，基于网络调用以及与其他服务组合。

服务包括原子服务和组合服务，原子服务指单个的，没有调用其他服务的简单服务，而组合服务是指通过组合分立的、相对简单的、已经存在的服务来构造复杂的具有新功能的服务。

● Chris Preist 的定义

服务是提供具有某种特定功能的软件实体，它包括三方面的内容：首先，服务提供的功能是具有价值的，用户为其价值付费；其次，服务包括服务提供方和用户的在线交互过程；最后，服务的提供方能将服务交付需求方。

## 2.2　面向服务架构 SOA

在 2002 年，Gartner 组织就指出面向服务架构将是"现代应用开发领域最重要的课题"，并预计到 2008 年，面向服务架构将成为占有绝对优势的软件工程实践方法。

面向服务架构的核心概念集中体现在服务提供者（Service Provider）、服务使用者（Service Requestor）、服务代理（Service Broker）三个角色和发布（Publish）、查找（Find）、绑定（Bind）

三个基本操作上，如图 2-1 所示。简单地讲，基于这三个基本角色和操作就确定了面向服务架构下的一种松耦合方式的编程模型：服务提供者负责提供服务实现，并将与服务实现相对应的服务描述发布给服务代理；服务代理作为服务提供者和服务使用者间的中介，负责维护一个服务描述注册中心，以管理服务提供者发布的服务描述以及根据服务使用者的服务请求找到合适的服务；服务使用者通过服务代理查找需要的服务，并得到相应的服务描述，根据服务描述可以与服务提供者建立绑定关系，完成服务的调用。其中，服务实现是指真正完成服务功能的程序体，它由服务提供者负责编写；服务描述是对服务实现的接口、访问地址及协议等方面内容的描述；服务请求是由服务使用者提出的、对所期望使用的服务的需求描述。

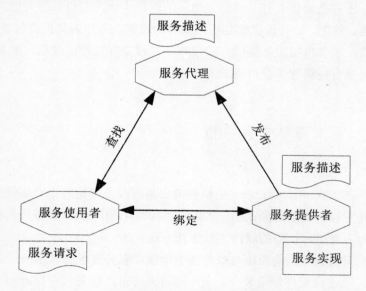

图 2-1 面向服务架构

在面向服务架构下，通过发布、查找、绑定三个基本操作允许在服务使用者和服务提供者间保持一种松散的绑定关系，使得服务提供者对服务使用者具有位置、实现等多方面的透明性，便于在二者间建立动态的绑定关系，从而提供了一种松耦合的编程模型，具备了支持动态应用集成的潜力。

SOA 被翻译为面向服务架构，它应该是创建从自治服务生成系统的一个架构方法，它的目的是更方便地进行集成。SOA 是 Web 服务的一个自然延伸，因为 Web 服务只是解决了异构系统之间的互操作，并没有降低 Web 服务之间的耦合度。

SOA 有以下四个设计原则：

1. 边界清楚(Boundaries Are Explicit)：通过 WSDL 发布服务协定(流程和数据形式)、使用消息传递而不是 RPC 调用、提供结构良好的公共接口并保持静态。

2. 自治(Services Are Autonomous)：服务的部署和版本变迁应该独立于服务的部署和使用者、服务发布后接口即不可更改，作为服务提供者，要预料到服务有可能被误用或者服务的使用者出现问题。

3. 共享架构和协定而非类(Services Share Schema and Contract, Not Class)：采用 XML 架构定义消息交换格式、采用 WSDL 定义消息交换模式、采用 Web 服务策略定义功能和需求、采用 BPEL(Business Process Execution Language，业务流程执行语言)作为业务流程级别的协定，以聚合多个服务。

4. 服务兼容性基于策略(Service Compatibility Is Based Upon Policy)：策略表达式可用于分隔化兼容性和语义兼容性。

WS-Policy 规范定义了一个能够表达服务级策略的机器可读的策略框架。

在图 2-2 中，我们描述了 SOA 最基本角色以及相互之间的交互模式。而在整个面向服务的计算环境中，按照各自的角色，可以将所包含的内容划分为原子服务层，服务组合层，服务管理层，如图 2-2 所示。

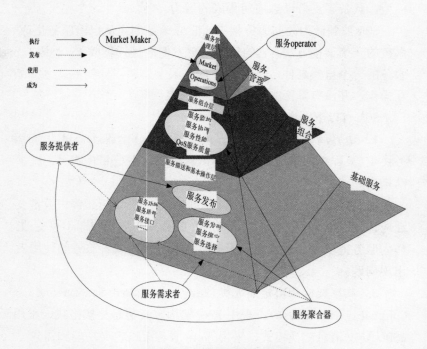

**图 2-2　面向服务架构的扩展模型**

在最底层为原子服务，是构建面向服务应用最基本的结构单元，也是构建面向服务应用时编码的操作对象，主要涉及的内容包括服务的描述、发现和调用等，即图 2.2 中描述的内容。

　　在基本服务层之上的为服务组合层，在这一层中，所有的服务都是通过多个底层的基本服务合成得到的。为了保证合成后的服务能够像基本服务一样被用户使用，合成者通常需要完成如下功能：

　　协调：能够按照预先设置的逻辑关系协调各个基本服务的执行，包括执行时间同步、数据传输等问题。

　　监测：监测基本服务的执行情况，接受相应事件信息或者输出消息，并以合成服务的角色对外发布，或者是从用户处接受消息，发送到内部对应的基本服务。

　　保证一致性：比较基本服务与合成服务的输入、输出参数，在存在格式或者内容差异时，进行必要的数据转换和处理，保证数据的一致。

　　计算服务质量：根据每个基本服务的服务质量，计算出合成服务的服务质量，包括价格、执行时间、可靠性、安全性、扩展性等。

　　组合后得到的服务像其他基本服务一样可以用于进一步的合成，在这种情况下，服务聚合者扮演服务提供商的角色并对外发布该合成服务的相关信息。

　　服务管理层建立在服务组合层之上，在该层中，提供对服务的各种管理操作和对服务合成的支持功能，包括统计组合服务的运行性能指标来评价合成的效率、当应用执行到分支点或者某个服务完成时给出必要的提示等。

## 2.3 Web 服务特性

Web 服务具有自包含的特性。在客户机端不需要附加任何软件，只需要有 XML 和 HTTP 客户机支持的编程语言就可以了。在服务器端，仅需要 Web 服务器和 SOAP 服务器。这样 Web 服务不需要写代码就可启动现有的应用程序。

Web 服务的松散耦合的特点源于对象/组件技术，当一个 Web 服务的实现发生变更的时候，服务调用者不会受到影响。对于调用者来说，只要 Web 服务的调用界面不变，Web 服务实现的任何变更对他们来说都是透明的，甚至是当 Web 服务的实现平台从 J2EE 迁移到.NET 或者是相反的迁移流程，用户都可以对此一无所知。对于松散耦合而言，尤其是在 Internet 环境下的 Web 服务而言，需要有一种适合 Internet 环境的消息交换协议，而 XML/SOAP 正是目前最为适合的消息交换协议。

Web 服务是自描述的。客户机和服务器都不需要关注除请求和响应消息的格式与内容之外的任何事（松散耦合的应用程序集成）。消息格式的定义与消息一起传递，不需要外部元数据或代码生成工具。可跨越互联网发布、定位和调用 Web 服务。此技术使用已建立的轻量级互联网标准，如 HTTP 等。为了平衡现有基础结构，还附加了其他配合使用的标准，包括 SOAP、WSDL 和 UDDI。

使用协约的规范性的特点，使得 Web 服务相比一般"对象"而言，界面更加规范化和易于机器理解。首先，Web 服务的界面所提供的功能应当使用标准的描述语言来描述(WSDL)；其次，由标准描述语言描述的服务界面应当是能够被发现进而可以被调用的，因此这一描述文档需要被存储在私有的或公共的注册库里面。同时，使用标准描述语言描述的使用协约将不仅仅是服务界面，它将被延伸到 Web 服务的组合、跨 Web 服务的事务、工作流等，而这些又都需要服务质量(Qos)的保障；其次，已知安全机制对于松散耦合环境的重要性，因此需要对诸如授权认证、数据完整性(比如签名机制)、消息源认证以及事务的不可否认性等运用规范的方法来描述、传输和交换；最后，在所有层次的处理都应当是可管理的，因此需要对管理协约运用同样的机制。

　　Web 服务是基于标准的，XML 和 HTTP 是 Web 服务的主要技术基础。Web 服务技术的很大一部分是使用开发式源代码项目构建的。服务必须在特定的体系结构中才能发挥作用。该体系结构是一个标准化的服务调用环境。这样由不同的服务提供商所提供的构件才能被无缝地集成到应用程序中。标准性有两个方面的含义：一方面含义是指服务之间应该有一个统一的可以相互访问的接口或者协议标准，因为只有这样才能够实现服务资源的互操作从而实现资源共享，标准化是共享的前提；另一方面含义是指服务对所提供的计算能力的描述应该采用一定的标准规范，有一种比较统一的内容和形式，从而便于以一种统一的方式进行服务的选取。

　　Web 服务具有动态性。因为使用了 UDDI 和 WSDL 可使得 Web 服务描述和发现更加自动化，使用 Web 服务可使动态电子商务成为现实。

　　Web 服务具有可组合性。使用工作流技术或通过从 Web 服务实现调用下一层 Web 服务，可把简单 Web 服务聚集为更复杂的服务。Web 服务可链接在一起以执行较高级别的业务功能。这缩短了开发时间并启用了同类中最佳的实现。

正是由于 Web 服务的这些特性，使得开发人员可以通过集成服务和功能(在 Internet 上由 Web 服务所提供)的方式来创建完整的系统。"任何系统、任何数据和任何格式"将是"可编程 Web"的宗旨。这样使开发人员能够把精力集中在手边的业务上，而且不必花费大量的时间编写基础结构和通信代码，企业集成和利用外部专门技术的性能将使开发企业解决方案的效率更高，并使最终用户能使用更加无缝集成的服务。

这些特性带来的主要优点有：

（1）平台的无关性

Web 服务最强大的特性就是使用可扩展标识语言支持的跨平台的兼容性，任何类型的设备，只要能连入 Internet，便可以轻松地访问 Web 服务。

（2）通用的通用通道

Web 服务的运行是以 Internet 作为其通信机制的。Internet 建立在诸如 TCP 和 HTTP 这些开放的、标准的通信协议之上，整个 Internet 普遍支持这些既定协议。将 Internet 作为通信通道可以获得最高级别的访问和可用性。

（3）企业的互操作性

近年来，企业对企业的电子商务在通讯与应用开发方面得到了发展。这些类型的应用程序包括合并或把现有的业务系统与贸易合作伙伴和供应商相结合。Web 服务允许通过 XML 和 HTTP 这两个既简单又易用的协议来完成这一过程。

（4）功能复用

开发人员能够利用外部厂商已经实现的功能，这意味着开发人员不必创建基础结构和支撑服务就可以集中精力针对问题提供最好的业务解决方案。

（5）易于拓展业务

通过使用 Web 服务访问内部系统的方式，企业允许消费者以更加集成化的方式和以用户为中心的方式访问它们。同时 Web 服务也能够用来拓展贸易伙伴关系，通过将供应链与 Web 服务提供商集成在一起，可以使业务过程能够动态地而且灵活的变换需求。

（6）服务器的中立性

开发 Web 服务所使用的程序设计语言和服务软件是没有关系的。Web 服务所在的服务器可以运行 UNIX、Windows、Linux，或者其他任意的操作系统，在 Web 服务幕后执行的软件可以用 Java、C++、C#，或任何其他编程语言编写的。

（7）安全的通信

Web 服务像其他所有的 Web 应用程序一样安全。保护在线商业站点使用的技术也同样用于保护和验证 Web 服务的身份。

（8）服务保证

Web 服务之所以引起人们如此大的热情，在某种程度上是因为它们跨接完全不同的系统的能力。开发人员已经使用传输、消息传递和描述的基本功能提出了许多功能完备的解决方案。然而，为了被创建更强大的集成解决方案的开发人员接受，Web 服务必须提供功能来确保与更传统的中间件解决方案相同级别的服务保证（Service Assurances）。仅仅交换消息是不够的。应用程序和服务驻留在中间件和系统上，这些中间件和系统非常有价值的级别更高的功能，比如安全性、可靠性和事务化操作。Web 服务必须为这些功能之间的互操作性提供一种机制。

## 2.4 Web 服务规范

　　Web 服务是当前最主要的一种服务实现技术。最初 Web 服务是由 Ariba、IBM 和 Microsoft 等共同提出的，旨在为互联上跨越不同地域、不同行业的应用提供更强大的互操作能力。W3C 对 Web 服务给出了如下的定义：Web 服务是由一个 URI 标识的软件应用，它的接口和绑定方式可以基于 XML 来定义、描述及发现；基于当前的 Internet 协议，Web 服务支持以 XML 格式的消息交换的方式与其他软件进行直接交互。

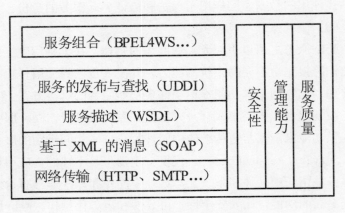

图 2-3 Web 服务协议栈

　　如图 2-3 所示，Web 服务主要依托一系列开放的协议和标准。在底层网络传输方面是基于广泛使用的互联网标准，如 HTTP、

SMTP 等；中间部分包括简单对象访问协议 SOAP(Simple Object
Access Protocol)、Web 服务描述语言 WSDL 和服务发现/集成协
议 UDDI（Universal Description, Discovery and Integration）；而上
层部分是诸如 BPEL4WS 的服务组合描述语言以及关于路由、可
靠性以及事务等方面的协议。右边部分是各个协议层的公用机制，
这些机制一般由外部的正交机制来完成，这部分包括安全、管理
和服务质量方面的协议或机制，它们所面对的问题贯穿协议栈的
各个层次。

　　Web 服务之所以能被有效地封装，集成和调用，离不开一系
列开放和标准的协议。下面我们介绍与 Web 服务相关的主要协议。

## 2.4.1 SOAP 协议

　　SOAP (Simple Object Access Protocol)：称为简单对象访问协
议。它是用于交换 XML 编码信息的协议。SOAP 协议包括三个主
要部分：SOAP 封包：定义了 SOAP 消息表示框架，如消息的发
送方，接收方，消息内容等；SOAP 编码规则：定义了消息的编
码格式；SOAP 远程过程调用（RPC）：定义了用于表示远程调用
和响应的约定，例如，如何使用 HTTP 协议调用按照 SOAP 协议
定义的消息等。

　　SOAP 是序列化调用位于远程系统上的服务所需信息的标准
方法，这些信息可以使用一种远程系统能够读懂的格式通过网络
发送到远程系统，而不必关心远程系统运行于何种平台或者使用
何种语言编写。SOAP 以 XML 格式提供了一个简单、轻量的用于
在分散或分布环境中交换结构化和类型信息的机制。SOAP 本身
并没有定义任何应用程序语义，如编程模型或特定语义的实现；
实际上它通过提供一个有标准组件的包模型和在模块中编码数据

的机制，定义了一个简单表示应用程序语义的机制。这使 SOAP 可用于联合各种现有的网络协议和格式，包括 HTTP、SMTP 和 MIME，并可被用于消息传递到 RPC 的各种系统。

SOAP 解决了通过防火墙传送往返于远程应用程序的消息的问题。除了通过某些预先设定的作为特定用途的端口，防火墙通常禁止通过其他端口进行远程通讯。这就出现了一个问题，大部分分布式协议不使用分配的端口，而是动态地选择端口。微软 SOAP 技术实现的解决方案是通过 HTTP 的 80 端口传送对远程进程的调用。这个远程调用使用 XML 定义消息请求或响应的格式，把调用附加到 HTTP 协议的顶部。这个技术的优点之一就是降低通过防火墙传送消息的复杂性。

SOAP 可以用来解决互联网应用程序的交互性问题。你可以使用一种平台无关性方式在远程（或本地）服务器上访问对象和服务。现在的互联网世界由不同的操作系统、不同的防火墙、不同的产生远程过程调用的方法和平台组成。为了跨互联网交互，客户机和服务器都需要了解彼此的安全类型和信任、服务部署模式和实现细节以及平台语言。使用 SOAP，这种平台特定性的混乱局面就会结束。基于已被业界广泛接受的HTTP标准和XML标准，SOAP 也可与其竞争对象 RPC 技术连通，并提供用于任何操作系统、程序语言和平台的轻量级消息格式。

SOAP 本身提供了与 Web 服务交换信息的方法，但是它没有提供查找 Web 服务消息的方法，而且它还不提供查找 Web 服务或与之交涉的方法。

在 SOAP 体系结构有四个主要部分：

1. SOAP 封装（Envelope）：用于描述消息内容和处理方。SOAP 封装定义了一个整体框架用来表示消息中包含什么内容，谁来处理这些内容及这些内容是可选的或是否是必需的。

2. SOAP 编码规则（encoding rules）：SOAP 编码规则定义了编码机制用于交换应用程序定义的数据类型实例的机制。

3. SOAP RPC 表示。SOAP RPC 表示定义了一个用于表示远程过程调用和响应的约定。

4. SOAP 绑定（binding），定义了一个使用底层传输协议来完成在结点间交换 SOAP 信封的约定，主要描述 SOAP 消息如何包含在 HTTP 消息中进行传送。

简单地说，SOAP 提供了使用完全独立于平台的访问服务、对象和服务器的技术。通过 SOAP，你将能够查询服务、调用服务、与服务通讯并处理服务，而不必去关心远程系统的位置、所在的操作系统或平台到底是什么样的。

对于 SOAP 协议而言，这些部分在功能上都是彼此独立的。封装和编码规则被定义在不同的 XML 命名空间（namespace）中，使得协议定义更加简单。对于 SOAP 应用，除了支持 SOAP 封装规则外，用户可以根据自己的具体需求决定是否使用其他部分的定义。

（1）SOAP 消息

SOAP 消息利用了 W3C 推荐的 XML Information Set 标准进行定义。XML Infoset 定义了一种抽象模型把 XML 文档描述为一系列带有特定属性的对象。SOAP 消息包含三个要素的文档信息项，〈Envelope〉，〈Header〉和〈Body〉。Envelope 是 SOAP 消息的根元素，包含一个可选的 Header 元素和一个必需的 Body 元素。Header 元素是一种以非集中的方式增加 SOAP 消息功能的通用方法，其每个子元素都被称为一个 Header block。 SOAP 预定义了几个属性来指示应该由谁来处理特定的 Header block ——"role"，以及这种处理是可选的还是必需的。Header 元素总是 Envelope 的第一个子元素；Body 元素总是 Envelope 的最后一个子元素，也是供最终消息接收者使用的"有效负载"的容器。

　　以下是一个 SOAP 例子，SOAP 消息被封装在一个 HTTP 请求中，GetStockPrice 请求被发送到 Server。该请求具有一个 StockName 参数，返回一个相应的 StockPrice。请注意这里的自定义名域，该名域规定了特殊的元素所对应的服务，只有这样通信的双方才能理解对方的要求。

```
<SOAP-ENV:Envelope>
<SOAP-ENV:Body>
<xmlns:m= "http://www.stock.org/stock" />
<m:GetStockPrice>
<StockName>IBM</StockName>
</m:GetStockPrice>
</SOAP-ENV:Body>
</SOAP-ENV:Envelope>
    封装在 HTTP 中的 SOAP 应答
    <SOAP-ENV:Envelope>
<SOAP-ENV:Body>
<xmlns:m= "http://www.stock.org/stock" />
<m:GetStockPriceResponse>
<Price>34.5</Price>
</m:GetStockPriceResponse>
</SOAP-ENV:Body>
</SOAP-ENV:Envelope>
```

SOAP 协议中消息头和消息体使用同一个模型，可以确保基础架构消息和消息体的完整性。应用程序可以同时根据消息头和消息体内容进行路由。

SOAP 消息是从发送者向接收者单向传送的。发送或接收的任何一个软件代理都被称为一个 SOAP 节点（SOAP Node）。启动消息传输的节点称为原始发送节点，使用和处理消息的最后一个节点称为最终接收节点。原始发送节点和最终接收节点之间处理消息的所有节点都称为中介（Intermediary）。消息经过的所有中介节点和最终接收节点都称为消息路径。

为了能够识别消息路径的各个部分，每个节点都担任一个或多个角色。

（2）消息格式

下一组规范为编码传输的 Web 服务消息定义了可互操作的机制。传输在服务之间传送"字节"块。只有当参与者能够把字节转换成它们的应用程序可以处理的有效数据结构时，这才是有价值的。消息传递规范组定义了如何正确地安排消息的格式。**XML and XML Schema** 定义提供了抽象约定消息（数据）结构的机制。**SOAP** 定义了表示 XML 消息的标准编码方法，其中，**XML** 消息用服务通过传输交换的字节信息进行表示。

（3）WS-Addressing

WS-Addressing 规范定义了一种将消息寻址信息综合到 Web services 消息中的标准。消息和响应都发送到某处和来自于某处。WS-Addressing 提供了一种可互操作的、传输独立的方法来标识消息发送者和接收者。WS-Addressing 还提供了一种更细粒度的方法来标识应该发送和接收消息的服务中的特定元素。

现在，大多数使用 Web 服务的系统可以编码 Web 服务的目的地（带有一个放在 HTTP 传输协议中的 URL）。响应的目的地是由返回的传输地址确定的。这种方法建立在 HTTP 的基本 BS 模型的基础上。

使用现在的方法，源信息和目的信息都不是消息本身的一部分。这可能会产生几个问题。如果传输连接终止（例如，在响应要等很长的时间而连接超时的情况下）或消息是由中介（比如，防火墙）发送的，那么信息可能会丢失。WS-Addressing 提供了一种机制来把目标信息、源信息和其他重要的地址信息都直接放在 Web 服务消息中。简而言之，WS-Addressing 将地址信息从任何特定的传输模型中分离出来。

在许多情况下，消息把目标直接对准服务，而消息中的地址信息可以用 URL 简单地进行描述。但是在实践中，我们常常发现，消息把目标对准了服务中的特定元素或资源。例如，协调服务可能正协调许多任务。协调器需要把大多数传入消息与它管理的任务实例而非协调服务本身关联起来。

WS-Addressing 为寻址服务所管理的实体提供了一种简单但却非常强大的机制，称为 端点引用（endpoint reference）。虽然这样的信息可以以特别的方式在服务的 URL 中进行编码，但是端点引用提供了一个标准的 XML 元素，它使得能够采用一种结构化的方法来编码这样的细粒度寻址。

对寻址进行细粒度的控制与对消息源和目的地进行传输中立的编码，使得 Web 服务消息能够跨各种各样的传输通过中介进行发送，并且使得能够采用异步和扩展的持续时间两种通信模式。

WS-Addressing 还使发送者能够指示应该以传输独立的方式把响应发送到哪里。对消息的响应可以不必发送到发送者。例如，在 HTTP 中，由于没有 WS-Addressing，所以指定应该把响应发送到别处是不可能的。

　　这些对消息传递模型的增强使得 Web 服务能够用于支持许多业务场景。例如，某些银行业务为了获得批准需要在某些步骤上进行复核。通常在每个具体位置都有许多活动的任务实例。WS-Addressing 提供了一种通用的机制来把传入和传出消息与特定的任务关联起来。服务使用的这些机制对于那些通过端点引用使用服务的人来说是透明的。

　　传输和消息规范允许 Web 服务使用消息进行通信。但是，参与者如何知道消息是什么呢？Web 服务如何文档化或描述它发送和接收的消息呢？使用 Web 服务需要理解 Web 将使用和产生的消息——Web 服务的接口。规范的描述组使 Web 服务能够表达它的接口和功能。

　　除了消息互操作性之外，这些规范还启用了 开发工具互操作性（development tool interoperability）。描述规范提供了一个标准的模型，使得来自不同厂商的各种工具能够协同支持开发人员。以与 Web 服务把合作伙伴从实现和基础体系结构选择中分离出来的相同方式，描述规范把合作伙伴从开发工具选择中分离出来。

## 2.4.2 WSDL 规范

　　WSDL(Web Services Description Language)：称为 Web 服务描述语言。它是描述服务的接口和调用方式的 XML 文件，用于服务的发布、查找和绑定。在最新推出的 WSDL2.0 中，用六个元素描述 Web 服务，如图 2-4 所示。其中 Message，Operation 和 Interface 描述服务的抽象信息，Message 描述了服务可以发送和接收的信息，Operation 定义了信息之间交互的形式，"类型"
是消息的数据类型定义，通常用来描述交换信息；"消息"代表
待传输数据的抽象定义，"消息"使用由不同类型的 Operation
分组，构成 Interface。服务的调用信息由 Endpoint，Binding
和 Service 描述，Binding 定义了 Interface 中信息的传输方式，
Endpoint 是网络中的传输端点，实现同一个 Interface 的
Endpoint 构成了 Service。

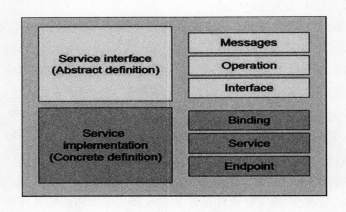

图 2-4 WSDL2.0 服务描述

"类型"所定义的类型来定义整个消息的数据结构，即"消
息"由一个或多个类型定义及类型的实例组成；"端口类型"表
示抽象操作的集合，每个操作一般会引用一条输入消息和一条输
出消息；"绑定"使操作和消息的具体协议与数据格式规范关联，
即为"端口类型"中定义的操作和输入输出消息指派具体的传输
协议和数据格式规范；"端口"指定一个用于绑定的地址，由此
定义一个通信端点，Web 服务通过该端口与其他 Web 服务或应用

程序交互；"服务"用于聚合一组相关的"端口"构成一个 Web 服务的定义。

"类型"、"消息"、"操作"和"绑定"属于 Web 服务接口定义部分，它们抽象描述了 Web 服务基本接口信息，与具体的网络布置和数据格式绑定相分离，这样就可以抽象定义 Web 服务的消息和端口类型，实现对它们的重用。在此基础上，"端口"和"服务"属于 Web 服务实现定义，它们描述了服务的运行信息，如调用服务的网址、服务所绑定的协议(HTTP，SOAP 等)。

WSDL 描述的是调用某个 Web 服务的详细信息。WSDL 描述说明的是以下三个基本属性：服务做些什么——服务所提供的操作；如何访问服务——数据格式详细信息以及访问服务操作的必要协议；服务位于何处——有特定的协议决定的网络地址，如 URL。但是，WSDL 只包括了服务描述的较低层次，即服务接口的原始技术描述。这是一种功能描述(定义了消息的目的地、消息的语法以及如何使用协议和编码方案)，而在此之前最好还有非功能描述(为什么服务请求者应该调用这个 Web 服务)。例如，这个 Web 服务提供了哪些商务功能？Web 服务的质量如何？服务提供者的安全策略，是否能够为请求者保密等等。

在 WSDL 中包含了使用 SOAP 的服务描述的绑定，也包含了使用简单 HTTP GET 和 POST 请求的服务描述的绑定。

Web 服务描述语言（WSDL）和 SOAP 一起构成了 Web 服务的核心结构单元。WSDL 基于 XML 格式，用来描述 Web 服务。它描述了 Web 服务可以执行的操作以及 Web 服务可以发送或接收的消息格式。WSDL 文档可以看成是客户端和服务器之间的一个协约。使用 WSDL 工具，你可以自动处理这个过程，几乎不用手工编写代码就能够让应用程序整合新的服务。因此 WSDL 是 Web 服务体系结构的基础，因为它提供了一个通用语言，用来描述服务和整合这些服务的平台。

虽然大部分 WSDL 文档使用 RPC 风格的要求/应答语句对，但是 WSDL 也支持单向的消息。

WSDL 支持以下四种 SOAP 消息操作：

① 单向 (One-way)：端点接收消息。

② 请求响应 (Request-response)：端点接收消息，然后发送相关消息。

③ 要求响应 (Solicit-response)：端点发送消息，然后接收相关消息。

④ 通知 (Notification)：端点发送消息。

### 2.4.3 UDDI 协议

收集关于一组服务的元数据并且使得可以以可搜索的方式使用该信息是非常有用的。这样的元数据聚合是一个很好的存储库，企业可以在其中发布它们提供的服务，描述它们的服务的接口，采取特定领域的分类法。通用描述和发现接口规范定义了元数据聚合服务。UDDI 是一套基于 Web 的、分布式的 Web 服务注册的标准和规范。UDDI 定义了 Web 服务的发布和发现方法，同时也包含一组使企业能将自身提供的 Web 服务注册以使得别的企业能够发现的访问协议的实现标准。解决方案在设计时可以查询 UDDI 来找到与它们的需求相匹配的服务。例如，开发人员可以在定义他们的 BPEL4WS 工作流时使用这些服务。解决方案在运行时也可以查询 UDDI。在这种场景中，调用者"知道"它调用的接口，并且搜索与它的功能匹配的或由知名合作伙伴提供的服务。

它使用 XML 文档来描述企业和企业注册的服务。UDDI 注册信息分为白页、黄页和绿页。白页描述了企业的地址、联系方式等企业信息，黄页是基于标准分类的信息，绿页中存放 Web 服务的技术信息。这样的类别划分不仅可以关联企业及其服务，还可以关联 tModel。如果只提供白页和黄页中的一种或者这两种都提供，那么对于通过程序发现和使用服务，注册中心的条目的价值就很有限。为此，有关怎样、哪里能通过程序的方式调用服务的信息就很有必要了，而绿页就提供了这样的信息。绿页是指与服务相关联的绑定信息，并提供了指向这些服务所实现的技术规范的引用和指向基于文件的 URL 的不同发现机制的指针。

通过 UDDI，企业可以发布希望被别的企业发现的 Web 服务。企业可以通过 UDDI 注册中心的 Web 界面或者是其提供的编程接口来通过应用程序来访问。UDDI 提供了一种分布式的商业注册中心的方法，该商业注册中心维护了一个企业和企业所提供的 Web 服务的全球目录，而且其中的信息描述格式是基于通用的 XML 格式的。UDDI 同时也是一组基于 Web 的注册中心的名字，这些注册中心存储了商业或其他实体的信息及其提供的服务的相关技术调用界面。这些注册中心通过多个 UDDI 操作入口站点运作，通过访问任意一个公共的 UDDI 操作入口站点，任何人都可以查询商业实体提供的或代表商业实体的 Web 服务。UDDI 商业注册中心在逻辑上是集中的，在物理上是分布的，由多个根节点组成，相互之间按一定的规则进行数据同步。当一个企业在 UDDI 商业注册中心的一个实例中实施注册后，其注册信息会被复制到其他 UDDI 根节点，就能实现数据同步。UDDI 真正实现了 Web 服务注册信息的"一次注册，到处发布"。

UDDI 的主要数据结构包括：

商业实体(businessEntity)：商业实体信息可以被看成是一个关于商业机构的标准描述元数据。作为注册和发现的核心，包括 businessKey(商业实体标识)、name(名称)、description(描述)、businessService(商业服务集)、identifierBag(企业或商品标识集)、categoryBag(分类集)等元素。

商业服务信息(Business Service)：作为"绿页"服务，对web 服务进行商业业务描述，是 Business Entity 的子结构，一个 Business Entity 可以有多个 Business Services。Business Service 也是元数据容器，通过商业服务标识、商业实体标识、名称、描述、绑定模版、分类集等元素，对特定企业所提供的特定服务进行描述。技术绑定信息(Binding Template)：对于每一个 Business Service，存在一个或者多个技术实现方式，这些方式的技术描述通过 Binding Template 来实现，包括应用程序连接远程 Web 服务并与之通讯所必须的信息，例如绑定标识、服务标识、描述等。

技术模型(TModel)：当一个程序或是程序员需要调用某个特定 web 服务时，必须根据应用要求得到足够充分的调用规范等相关信息，使得调用被正确执行。因此，每一个绑定模板元素都包含一个特殊的列表元素，该元素包含了一个列表，列表中的每个子元素都是一个调用规范的引用。这些引用是访问服务所需要的关键的调用规范信息，即被称为"TModel"的数据项，它包括服务名称，发布服务的组织以及指向这些规范的 URL 指针等。其中TModelKey，Operator 和 AuthorizedName 分别表示 TModel 的主键、实施注册的 UDDI 操作入口站点以及对该 TModel 拥有所有权的用户 ID。TModelKey 在注册后由 UDDI 自动赋予，并在

TModel 整个生命周期中有效；仅能通过 AuthorizedName 指定的用户 ID，F110perator 指定的操作入口，进行该 TModel 的信息更新和对象删除，任意其他 ID 不能操纵本对象，也不能在其他操作入口站点上对该实体对象的数据进行维护。OverviewDoc 包含的是规范的关键信息，包含了一系列的 URL，通过这些 URL 可以访问到这个 TModel 的具体技术规范。

关联信息(Publisher Assertion)：用以描述两个商业实体之间的关系信息。UDDI 是当前描述并发现 Web 服务的工业标准，它提供了描述和注册服务的平台，允许服务使用者发现满足需求的服务并集成到商务应用中。虽然 UDDI 有很多优势使其成为最主要的服务注册机制，但它的服务发现机制却有很大的缺陷。UDDI 是基于 XML 的，它并没有对服务提供基于语义的描述。这使得 UDDI 仅能提供基于语法层关键字匹配的服务发现机制，这种机制不能准确描述所要查找服务的准确功能，查准率和查全率较低。同名异义和同义异名都将导致基于语法关键字匹配的服务发现机制的低精确性。

通过使用 UDDI 发现服务，企业可以单独注册那些希望被别的企业发现的自身提供的 Web 服务。企业可以通过 UDDI 商业注册中心的 Web 界面，或是使用实现了"UDDI Programmer's API 标准"所描述的编程接口的工具，来将信息加入到 UDDI 的商业注册中心。UDDI 商业注册中心在逻辑上是集中的，在物理上是分布式的，由多个根节点组成，相互之间按一定规则进行数据同步。当一个企业在 UDDI 商业注册中心的一个实例中实施注册后，其注册信息会被自动复制到其他 UDDI 根节点，于是就能被任何希望发现这些 Web 服务的人所发现。

UDDI（统一描述、发现和整合）建了一个平台独立、开放的框架，通过互联网来描述服务，发现业务，并且整合业务服务。它是一套基于 Web 的、分布式的、为 Web 服务提供的信息注册中心的实现标准规范，同时也包含一组使企业能将自身提供的 Web 服务注册以使得别的企业能够发现的访问协议的实现标准。

## ★　本章小结

XML 技术及其相关技术的快速发展推动了 Web 应用领域的快速发展，这就催生了 Web 服务这种交互领域的 Web 应用的发展。而面向服务架构 SOA 可以通过将应用程序的不同功能单元之间定义良好的接口和契约联系起来，并通过 SOAP 实现模块之间的通信，使用 WSDL 对服务进行描述，通过 UDDI 来发现和获取服务的元数据。

# 习　题

1.选择题

(1)基于远程过程调用的体系结构，其英文缩写是：（　）

　　A.DCOM　　　　　B.RPC　　　　　C.Web 服务　　　D.MSMQ

(2)面向对象体系结构涉及的基本对象不包括：（　）

　　A.代理者　　　　　B.消费者　　　　C.开发者　　　　D.提供者

(3)有关 SOAP 协议的说法正确的是：（　）

　　A. SOAP 协议和其他协议结合在一起共同使用

　　B. SOAP 消息从发送者到接收者是双项传输的

　　C. SOAP 协议的消息总共由四个部分组成：封包、编码规则、表示法、协议绑定

　　D. SOAP 消息是由根部 Body 元素和 Envelope 等元素组成

(4) Web 服务特性的主要优点不包括：（　）

　　A.平台无关性　　　　　　　B.高度松散耦合性

　　C.企业互操作性　　　　　　D.服务器中立性

(5)在 WSDL 的组成部分中，下面(　)定义了 Web Service Interface 中的信息传输方式。

　　A. Binding　　　　　　　B. Messages

　　C. Endpoint　　　　　　D. Operation

2.填空题

(1)在面向服务架构下，通过_____、_____、_____三个基本操作允许在服务使用者和服务提供者间保持一种松散绑定关系，使得服务提供者对使用者具有位置、实现等多方面的透明性。

(2) Web 服务是基于标准的，_____和_____是 Web 服务的主要技术基础。

(3)SOAP 消息包含三个要素的文档信息项，_____，_____和_____。

(4)WS-Addressing 对寻址进行细粒度的控制与对消息源和目的地进行传输中立的编码，使得 Web 服务消息能够跨各种各样的传输通过中介进行发送，并且使得能够采用_____和_____两种通信模式。

(5) UDDI 注册信息分为_____，_____和_____。

3. 名词解释

(1) SOAP　　　　　(2) WSDL　　　　(3) UDDI

4. 简答题

(1) Web 服务有哪些特性，这些特性带来了哪些优点。

(2)简要说明 SOAP 协议的四个主要组成部分。

# 第 3 章　语义 Web

**本章重点**

● 语义 Web 概要介绍

● 语义 Web 层次模型

## 3.1 语义 Web 简介

　　全球经济一体化及信息技术的飞速发展标志着人类正逐步由工业经济时代向知识经济时代转变。对组织和企业而言，知识正变成最具经济价值的无形资源。特别是对于知识密集型企业来说，更是决定组织和企业成败的战略性资源。知识管理已成为知识经济时代管理理念的核心，正如泰勒的科学管理理论和方法是工业时代的企业管理基础，知识管理正是 21 世纪知识经济时代的企业管理基础。知识对组织和企业的决定性作用主要体现在以下几方面：

　　首先，知识可以确保组织和企业活动的顺利进行。激烈的市场竞争和市场情势变化客观上要求组织能响应这种变化并迅速作出决策。对组织和企业其他成员来说，无论是销售策略制定还是新产品开发、市场拓展都依赖知识进行决策。

其次，管理学研究表明经验、观念等形式表现的隐式知识对决策起着不可估量的作用，对这些知识必须进行有效管理，否则将极有可能重犯过去的错误甚至导致组织或企业活动的失败。

最后，知识还是确保组织和企业核心竞争力的关键。如果组织和企业知识化程度越高，就越有可能在竞争中处于主动地位，并提升组织和企业的可持续发展能力。近几十年的变化深刻地印证了这一点。

总之，知识经济时代的到来将不可避免地对现有的生产生活方式、人类思维方式、价值观念、教育模式以及企业经营管理等人类社会的方方面面产生深远的影响。对于知识这种无形资源，时代迫切需要相应的管理理论和管理模式，组织和企业需要管理实践。知识管理已成为知识经济时代管理理念的核心，正如泰勒的科学管理理论和方法是工业时代的企业管理基础，知识管理正是 21 世纪知识经济时代的企业管理基础。

网络的迅速普及已经成为信息时代的重要标志，任何人在任何时间、任何地点都可以通过网络发布信息。万维网是一个由互联资源构成的网络化信息空间，经过 20 世纪 90 年代的迅猛发展，Web 已经迅速改变了人们的生活和传统意义上的信息产业构架。信息的获取、传送、存储和处理之间的孤立现象正随着网络和多媒体技术的发展而逐渐消失，Web 成为众多信息系统的基础，并被这些信息系统所共享。无论从用户数量还是从 Web 空间的资源容量角度衡量，Web 都已取得了巨大的成功。另外，Web 信息空间的信息量正呈指数级增长，信息过载现象日益严重，如何从浩瀚的信息海洋中快速准确地找到所需要的信息，已经成为人们越来越关心的重要问题。

　　问题的关键在于，当今 Web 的设计理念是实现网页互联，网页上文本、图形、图像等各种媒体的涌现都是供人们浏览并处理的，网络和计算机只是作为一种简单的载体和传输工具，不能提供更高级的自动化智能服务，突出表现在以下几个方面：

　　● Web 使用起来很简单，通过浏览器用户可以在任何地方、任何时间方便浏览各种来源的 HTML 文档，这些文档也可以通过超链接技术将不同的资源和信息连接起来。这种简单性是 Web 创立之初的一个重要出发点，但也正是这种简单性使得用户在浏览过程中很容易迷失在错综交叉的网状链接中。

　　● Web 包含了大量的信息，信息在编码、结构等方面各不相同，其中的一个差别就是有些信息主要提供给人使用，而有些则主要供机器使用。前者如电视广告、诗歌等，后者如数据库、程序和传感器信号输出等。目前 Web 信息中的绝大部分是仅供人们阅读的文档，机器难以自动处理，主要原因是缺乏用以描述数据的数据信息，即元数据。

　　● 搜索引擎是网络访问中的重要导航工具。但目前搜索引擎大多数是通过关键字匹配完成搜索任务，这种处理过程仅仅停留在字符层面，并不能准确理解用户的搜索目标，因而得到的结果往往也不准确，搜索的效率也很低。譬如，我们在搜索引擎中输入"老舍的作品"，搜索的结果不仅仅会包括我们真正需要的老舍的作品，同时也会把老舍作品的评价类信息包括进来，而后者往往并不是我们所需要的。

　　● HTML 是互联网成功的关键性力量，也是今天 Web 的主体之一。然而，HTML 有着先天性的不足——它仅仅描述了网页内容的外观展现机制，对于信息之间的联系，也仅仅提供了平凡的链接关系。然而，数据的组织不能体现数据内在的语义联系，因此 HTML 网页仅供人们阅读，无法实现机器的自动处理。

上述缺陷的存在，导致了机器在采集、分解和组合 Web 中的信息时显得格外力不从心；语言文字本身存在的语义模糊性和歧义性也增加了机器分析的难度。文字（对于计算机而言就是二进制数据）仅仅是传达语义的媒介，而语义的表达才是交流的核心和关键。

解决用户所面临的信息过载问题的关键在于有效地将各种信息、数据、知识等资源进行描述、组织和管理，让计算机充分利用这些资源为用户提供优质服务。因而我们需要考虑如何利用计算机（程序）来阅读、理解和处理这些庞大的资源，并为用户提取出有效的信息和知识，提供各种便利的服务。我们迫切需要一种新型的 Web 环境，对现有的 Web 进行变革，使得网络中的信息具有语义，同时更好地组织无序信息从而使其能够被计算机理解，便于人和计算机之间的交互与合作。

综上所述，WWW 是一个由互联资源构成的网络化生长的信息空间，它改变了传统意义上的信息产业构架，是信息时代的重要标志。信息的获取、传送、存储和处理之间的孤岛现象随着网络和多媒体技术的发展而逐渐消失， Web 逐渐成为众多信息系统的基础。Web 中信息的急剧增加导致了信息过载问题，产生该问题的主要原因是网页上文本、图形、图像等都是供人们阅读的，而Internet 和计算机只是作为一种简单的中介工具。尽管网页中含有一些链接和特殊的信息使得计算机能定位相应的页面并以特定的方式显示文档，但网页中没有提供任何信息帮助机器理解网页的内容。

　　1999 年，Tim Berners-Lee 提出了语义 Web（Semantic Web）的概念，本质上，语义 Web 是一个"数据网络，某种意义上可以说是全球知识库。" 其基本思路是力图为 Web 资源添加一层语义描述，既方便人们的使用和处理，更重要的是使得计算机在一定程度上也"理解"Web 资源的含义，从而有助于自动化信息共享与重用，并使网络能够提供动态的、个性化的、主动的服务。

　　建立语义 Web 的目的是让计算机能够"理解"分布在网上的信息和知识，并在"理解"的前提下更好地处理和利用这些信息和知识，把 Web 提升为支持全球化知识共享的智能信息服务平台，为人类提供更优质的服务。要让计算机理解信息和知识，其必然途径就是将它们形式化，因此语义 Web 的语义表达理论需要建立在人工智能领域近 40 年关于知识表示的研究基础之上，同时必须满足面向 Web 表达的普遍性、动态性和异构性。

## 3.2 语义 Web 层次模型

### 3.2.1 语义 Web 层次模型结构

　　所谓"语义"就是文本的含义，它和语法是一对对应的概念。语义 Web 是 Web 的延伸，语义 Web 中的资源、数据和链接方式具有良好的规范的定义，以利于信息与知识的发现、自动处理、集成和重用。语义 Web 的目标是使 Web 资源可以被机器理解和处理，能够更好地支持人机协同工作，Web 技术发展如表 3-1 所示。

表 3-1　Web 技术的发展

| 项目＼阶段 | 第一阶段 | 第二阶段 | 第三阶段 |
|---|---|---|---|
| 信息描述格式 | HTML | XML 和在此基础上建立的领域标准化格式，如 webXML 等 | RDF/DAML |
| 信息描述特点 | 非格式化或半格式化 | 信息格式化、标准化。信息定义缺乏关联，有可能有多重含义 | 基于本体的信息定义与表达，实现语义 Web |
| 动态交互模式 | 处理人机交互的 CGI 技术和类似的动态脚本语言 CGI、ASP、JSP 等 | Web 服务、SOAP、UDDI、WSDL | 语义 Web 服务具体模式和技术有待发展 |
| 动态交互特点 | 可处理人机交互，但计算机与计算机之间难以交互 | 可处理计算机—计算机的交互，交互过程自动化，但难以构建个性化、智能化的服务 | 协调处理人机交互与计算机对计算机的交互，交互过程智能化，可提供智能化、个性化的服务 |
| 发展现状 | 应用广泛 | 技术日益成熟，已有大量相关技术规范，行业应用正在推广中 | 从具体模式、相应理论到实现技术、行业应用都有待发展 |

1983 年 3 月 Web 的创始人 Tim Berners-Lee 提出分布式超文本系统图，其中所包含的链接都是蕴涵语义的，该图最早提出了Web 信息包含语义的思想。1994 年 5 月，第一届国际 WWW 会议，Tim Berners-Lee 在会议报告中特别强调了语义的重要性。1997 年 12 月，他在 W3C 报告中指出，Web 的第一个目标是成为人们通过知识共享进行交流的媒介，第二个目标是成为人们协同工作的媒介，这为语义 Web 做了铺垫。

1998 年 9 月 Tim Berners-Lee 在文献中提出了语义 Web 的总体框架，并概括介绍了它的各个组成部分。2000 年 12 月 Tim Berners-Lee 在 XML 2000 会议报告中首次提出了语义 Web 功能逐层增强的层次结构图，指明了语义 Web 的研究框架。2001 年 5 月Tim Berners-Lee 在 Scientific America 中系统地给出了语义 Web的概念与相关技术，至此可以说语义 Web 正式出现。

W3C 组织是目前语义 Web 的标准化组织，它在语义 Web 的标准、规范的设计制定和开放式、合作式技术研发中起着指导性的作用，对非集中研究和开发的关键技术进行指导和标准化，以确保它们的协调发展。

语义 Web 作为一个崭新的研究方向，自提出之日起，即受到了学术界与业界的极大关注，已成为目前 Web 领域的研究重点和热点之一。对于一种具有全球性影响的技术而言，标准化是一件相当重要的工作。语义 Web 的构建和发展也不例外，其核心技术的基础性工作和标准化工作，主要是由 W3C 语义 Web 工作组完成。

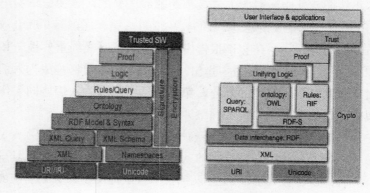

图 3-1 语义 Web 层次模型/协议栈

图3-1为2003年W3C提出的语义Web层次模型(亦称协议栈),由九个层次组成:

(1)第一层:Unicode 和 URI(Uniform Resource Identifier,统一资源标识符)/IRI(Internationalized Resource Identifiers,国际化资源标识符)层

最底层,语义 Web 的基础。URI/IRI 和 Unicode 分别用于标识语义 Web 中资源和资源编码的独一无二性。所谓资源是指语义 Web 中任何可以被描述的事物。无论语义 Web 中的一个网页或图片,还是其中所描述的现实中的一个人或一幢房子,都可以通过 URI/IRI 进行唯一标识和定位。所谓资源编码是指用以描述资源的字符集。Unicode 定义了国际化的通用字符集,对不同国家的语言、不同类型的字符定义了独一无二的编码标识,从而可以实现多国语言的混合存储和使用,避免了由于编码不同而造成的存储、传递和使用上的混乱。

（2）第二层：XML（Extensible Markup Language，可扩展标记语言）和 Namespaces（命名空间）层

在第一层的基础上定义了语义 Web 中数据交换的语法。XML 是一种允许自定义标记的通用结构化描述语言，目前已成为描述语义 Web 文档和数据的标准。Namespaces 为 XML 文档中结构化标记（Markup）的定义和使用提供上下文机制，一方面为文档中的每一个标记都（隐含地）指明了特定的含义，另一方面将不同上下文中具有相同名称的标记区分开来，以避免命名冲突。

（3）第三层：XML 查询和 XML Schema 层

为第二层提供 XML 的查询机制和语法约束。XML 查询（XQuery）提供了对 XML 文档的查询机制。XML Schema 为 XML 文档提供了语法结构上的约束，以确保 XML 文档的完整性与有效性。

（4）第四层：RDF（Resource Description Framework，资源描述框架）模型和语法与 RDF-S（RDF Schema）

在前三层的基础上定义了 Web 资源语义的表达规范。RDF 定义了一种描述 Web 资源及其相互联系的简单模型，它提供机器可理解的 Web 应用程序间交换信息的互操作性，是语义 Web 实现的关键技术之一，也是语义信息描述的有效手段。RDF-S 规范提供了一个应用于 RDF 模型中的基本系统，定义了类、属性、子类等元语（primitives）。

（5）第五层：本体（Ontology）层

本体层具有非常重要的地位，是语义层次上的 Web 信息共享和交换的基础。本体是共享概念模型的显示的形式化规范说明，用于描述（特定领域的）知识，在语义 Web 的交互中担当着语义互操作的重要角色。OWL（Web Ontology Language）是 WebOnt 工作组为了在 Web 上发布和共享本体而推荐的语义标记语言，起源

于 DAML + OIL（DARPA Agent Markup Language + Ontology Inference Layer），是以 XML 和 RDF 为基础研究制定的本体描述语言，目前已经成为描述 Web 本体的标准化语言。

（6）第六层：规则（Rules）和查询（Query）层

为第三、四层提供知识的规则描述和语义查询的规范。规则用于加强本体的描述能力，特别是在属性方面的描述。RIF（Rule Interchange Format，规则交换格式）是目前 W3C 起草的规则语言规范草案，用于描述领域知识中的规则，包括前提和结论。查询语言 SPARQL 提供对 RDF 图的查询机制，从而支持对语义和知识的查询。

第二至六层构成语义 Web 的核心，定义了一系列推荐标准和语言，分别规范数据描述、数据查询与约束、语义描述、知识描述以及语义与知识的查询与约束，用来表示 Web 信息的语义。第七、八层以这五层为基础，进行语义 Web 中的推理与证明，并在加密与数字签名技术的支持下，最终实现第九层的可信语义 Web。

（7）第七层：逻辑（Logic）层

通过统一的逻辑（Unifying Logic）支持基于语义和知识的逻辑推理操作。

（8）第八层：验证（Proof）层

以逻辑推理为基础提供对事实的复杂证明，即对逻辑陈述进行验证以得出结论。

（9）纵向贯穿层：加密层与数字签名层

加密技术层和数字签名技术层贯穿语义 Web 的信息、语义、知识各层，利用基于互联网的安全保密机制和安全认证机制，保证语义 Web 用户的隐私和语义 Web 传输的安全性，防止信息、语义或知识的非法窃取和使用。

（10）第九层：可信（Trusted）语义 Web 层

可信语义 Web 层建立在前述各层的基础之上，其中的内容在信息描述、语义描述和知识描述等方面都是规范的，在查询、推理和验证等层面上都是正确的，并且其中的信息、语义和知识本身也是可信的。

随着研究的深入发展和应用的逐步推广，2006 年 Tim Berners-Lee 等针对当前的研究发展现状，更新该协议栈。主要的变换包括：① 将与信息数据的描述、约束和推理相关的原第二、三层合并为一层 XML；② 对原第四至六层进行了微调，RDF 层作为数据交换的基础，也是 SPARQL 查询的对象，而规则描述语言 RIF 和本体描述语言 OWL 共同作为 RDF-S 的扩展，共同描述语义相关的本体和规则知识；③ 将证明层向统一逻辑层进行了延伸，表示证明是建立在统一逻辑的基础之上的，通过逻辑推理实现证明；④ 将加密层与数字签名层合并为保密层，延伸到可信 Web 层以下的所有层次；⑤ 在可信 Web 层之上新增了用户接口与应用层，表示构建在语义 Web 之上的各种应用。

## 3.2.2 语义 Web 模型关键技术

语义 Web 的发展和成功主要取决于支持它的一些关键技术的发展与成功应用。语义 Web 的关键技术包括：

● 元数据获取

目前，Web 内容是按照让人读懂而不是让机器读懂的方式组织的，Web 语言主要是 HTML，HTML 只负责数据的显示方式而不关心数据的内容。元数据是关于数据的数据，它的作用是以一种机器可以处理的方式来描述 Web 的内容。比如 Web 中的一篇文章的标题用〈标题〉标记，文章的作者用〈作者〉标记，文章的内容用〈段落〉标记，标记〈标题〉、〈作者〉、〈段落〉就是 Web 中这篇文章的元数据。XML 是目前使用最多的元数据表示语言，它允许各组织、个人建立适合自己需要的标记集合（元数据集合），并且这些标记可以迅速地投入使用。

● 本体

用 XML 表示的元数据可以由各组织和个人建立，在 Web 中就存在同一个元数据表示不同的含义和不同的元数据表示相同的含义的问题，语义 Web 采用本体技术来解决这一问题。本体是领域共享概念的明确的形式化规范说明。本体的目标是捕获相关领域的知识，提供对该领域知识的共同理解，确定该领域内共同认可的词汇，并给出这些词汇和词汇间相互关系的明确定义。不同的领域和应用根据领域知识建立起自己的本体，即用本体描述语言描述共享概念及概念之间的关系，使这些概念表示明确的语义。

本体中的主要元素包括概念（也称类）、属性、实例、关系和公理。概念是共享概念的定义，属性用来描述概念所具备的性质，实例是概念的具体化，是符合某个概念属性的对象，关系用来描述不同概念之间的相互联系，公理是领域中的规则。

W3C 根据技术发展的实际需要，提出了针对语义 Web 的本体语言栈。由低向上分别是 RDF（Resource Description Language），OIL（Ontology Inference Layer），DAML（DARPA Agent Markup Language）以及 OWL（Web Ontology Language）。目前 OWL 是 W3C 推荐的标准。RDF 模式提供了定义词汇表，一种分类的结构，RDFS 对描述资源的元数据进行约束，从而扩展了 RDF 的表达能力。OIL 是 RDFS 的一个扩展，通过 XML 的文档类型定义来增加定义完善的语法实现，DAML 是 Web 本体论的扩展，允许语言表达规则。OWL

是目前 W3C 组织推荐的本体描述语言，其目的在于提供一种语言以描述嵌在 Web 文档和应用中的类及这些类之间的关系。OWL 相对于 XML 和 RDFS 拥有更多的机制来表达语义，从而超越了 XML 和 RDFS 仅仅能够表达网上机器可读的文档内容的能力。

　　本体的研究是人工智能界长期进行的一项难题，其中本体的自动构建，不同本体之间匹配，本体的自动演化问题是近几年本体研究的热点，也是语义 Web 研究中的热点问题。

　　● 逻辑

　　逻辑提供了知识的形式化表示方法，也提供了从已知的知识推出未知的知识的推理机制。利用逻辑推理，我们可以知道本体所表示的知识库中隐含的知识，隐含的关系，以及判断本体中的知识是否互相冲突，检验本体的一致性。描述逻辑是本体描述语言 OWL 的逻辑基础，它是一阶谓词逻辑的可判定子集，能够提供可判定的推理服务，并且具有语义特征。在经过 20 多年的研究与发展之后，描述逻辑已经基本趋于成熟并走向应用，它是知识表示的形式化工具。但是描述逻辑主要还只能处理静态的知识，在对动态世界的表示与推理上却无能为力，尤其是对智能主体的内部知识库的表示显得乏力，也不能对服务的动态性与交互性进行刻画。动态逻辑最开始是用来进行程序正确性验证的，后来人们也用它来对动态世界进行表示与推理，有的也用在逻辑程序设计上。它们能对动作、状态、动态关系进行较好的刻画，在静态知识上的表达力却很弱，且推理较为复杂。如何将动态与静态结合起来，这是需要研究的关键问题。

● 智能主体

智能主体是分布式环境下，软件智能化的重要技术。 自 20 世纪 50 年代就已经提出，但真正的发展是 20 世纪 80 年代之后，在 20 世纪 90 年代成为研究的高潮，直到现在为止仍然是人工智能研究的热点。现在关于智能主体的研究主要侧重在以下几方面：主体的认知模型和理论、多主体系统的体系结构、主体的协作与协商、面向主体的软件方法学以及主体技术的应用等。经过近二十多年的研究，主体的理论与技术有了长足的发展，已经在很多领域中得到了应用。而对于用户来讲，语义 Web 应该提供一种丰富完善的服务，一种在知识表示与推理之上的服务，这些服务由具有智能的主体来提供。

综上所述，语义 Web 的核心内容是建立一个语义明确的信息空间，它的目标是改善当今的 Web。它的主要思想是使语义信息成为计算机可处理的对象。它的主要技术主要包括元数据表示，本体、逻辑推理和智能主体技术等。语义 Web 的发展取决于其各层技术的发展，特别是本体技术的发展。

## 3.2.3 本体

### 3.2.3.1 基本概念

本体（Ontology ）的概念最初起源于哲学领域，可以追溯到公元前古希腊哲学家亚里士多德。它在哲学中的定义为"对世界上客观存在物的系统地描述，即存在论"，是客观存在的一个系统的解释或说明，关心的是客观现实的抽象本质。在人工智能界，最早给出 Ontology 定义的是 Neches 等人，他们将 Ontology 定义为"给出构成相关领域词汇的基本术语和关系，以及利用这些术语和关系构成的规定这些词汇外延的规则的定义"。

互联网和 Web 技术的发展进一步促进了本体的应用。目前，本体已经是知识工程和人工智能研究的基本问题，而且在知识管理、自然语言处理、电子商务、信息检索、数据库设计与集成、生物信息学等领域应用极为广泛。总的说来，本体主要具有如下作用：

① 本体提供了一种结构化表示领域知识的手段。在本体中，不仅明确表示领域概念，还明确说明概念之间的关系，如函数和公理等，并且支持对领域规则进行明确的描述。

② 本体支持对知识的重用。本体提供了独立于应用的领域知识描述手段，这样可以在不同的系统中进行重用，提高了知识重用层次。

③ 本体是领域知识的形式化表示。现代本体表示语言一般具有严格的逻辑基础，这样可支持对隐含知识进行推理。

④ 本体还支持将领域的静态知识和操作知识进行分离。这样可以使相同操作方面的知识可以应用到不同的领域中。

⑤ 本体为人和主体之间的沟通和交流提供了共享之基础。也方便了不同领域的系统开发人员和研究人员之间的沟通和交流。

知识工程领域关于本体的认识并不完全一致。Neches 等认为："本体定义了领域的词汇的基本术语和关系，以及用于组合术语和关系以定义词汇外延的规则"。而 Guarino 则认为"本体是由一组描述存在的特定词汇、一组关于这些词汇的既定含义的显式假设构成。简单本体描述了通过包含关系而形成的概念层次结构，复杂本体还包括用来描述概念之间的其他关系和限制概念解释的合适的公理"等。上述观点中，前者给出了本体的一个基本指南，即识别所在领域基本术语和这些术语之间的关系是构建领域本体的前提条件，后者从知识工程角度出发给出了本体的基本构成要素。

目前，关于本体的公认的定义是 Tom Gruber 在 1994 年提出的："本体是关于领域共享概念的一致的形式化说明。"这个定义包含三层含义：

① 共享概念包括用来对领域知识进行建模的概念框架、需要互操作的主体之间用于交互的与内容相关的协议以及用于表示特定领域的理论的共同约定等。

② 本体必须是一致的，即本体概念和关系不能出现逻辑上矛盾的陈述，或推理上的逻辑矛盾。

③ 本体描述是形式化的，支持对领域概念和关系推理。

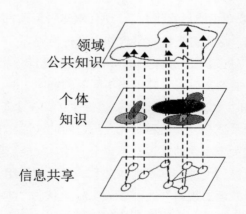

图 3-2　本体知识的层次

近来，Studer 等将 Ontology 定义为共享概念模型的明确的形式化规范说明，具体包含四层含义：概念模型（conceptualization）、明确（explicit）、形式化（formal）和共享（share）。"概念模型"指通过抽象出客观世界中一些现象（Phenomenon）的相关概念而得到的模型，它所表现的含义独立于具体的环境状态。"明确"指所使用的概念及使用这些概念的约束都有明确的定义。"形式化"指 Ontology 是计算机可读的（即能被计算机处理）。"共享"指 Ontology 中体现的是共同认可的知识，反映的是相关领域中公认的概念集，即 Ontology 针对的是团体而非个体的共识。Ontology 的目标是捕获相关领域的知识，提供对该领域知识的共同理解，确定该领域内共同认可的词汇，并从不同层次的形式化模式上给出这些词汇（术语）和词汇间相互关系的明确定义。

### 3.2.3.2 本体开发方法

（1）DEF-5 方法

IDEF（ICAM DEFinition method）于 20 世纪 70 年代提出，以结构化分析方法为基础，已发展策划能够为一个系列。IDEF5 通过图表语言和细化说明语言来获取某个领域的 Ontology。图表语言虽表达能力有限，但直观，易理解；细化说明语言具有很强的表达能力，可把隐藏在图表语言内的深层次的信息描述清楚，从而弥补图表语言的不足。IDEF5 提出的 Ontology 建设方法包括以下五个步骤：

① 组织和范围：确定 Ontology 建设项目需要的数据。

② 数据分析：分析数据，为抽取 Ontology 做准备。

③ 初始化的 Ontology 建立。

④ Ontology 的精炼与确认。

（2）骨架法（Skeletal Methodology）

建立在企业 Ontology 基础上，是相关商业企业间术语和定义的集合，提供开发 Ontology 的指导方针，包括如下步骤：

① 确定目的和范围；

② 建设 Ontology：分为捕获、编码和集成步骤，其中，捕获包括识别相关领域中关键概念和关系，产生概念和关系的文本定义，识别术语；编码利用形式化语言显式的表现概念化成果；集成阶段合成来自其他领域的概念和术语。

③ 评价：建立本体的评价标准。

④ 文档化：把概念、元 Ontology 等做精文档。

（3）企业建模法

用于构造虚拟企业本体工程，由多伦多大学企业应用集成实验室研制，分为以下步骤：

① 激发场景：某些场景可以激发 Ontology 的建设，因此，给出场景有助于理解建设动机。

② 非形式化的能力问题：应该能够回答的各种问题，指明能力问题和场景之间的关系。

③ 术语的规范化。

④ 形式化的能力问题：把非形式化的能力问题用形式化的术语定义出来。

⑤ 形式化公理：用一阶谓词逻辑表示术语的定义及约束。这是规格说明，不是 Ontology 的实现。

⑥ 完备性定理：定义在什么条件下方案完备。

（4）METHONTOLOGY 方法

它是马德里大学在开发人工智能图书馆时使用的方法。该方法结合了骨架法和 GOMEZ-PEREZ，基本流程如下：

① 规格说明书：产生自然语言编写的非形式化的、半形式化的、或者形式化的 Ontology 规格说明，包括：Ontology 的目的、形式化程度、范围（要表达的术语集、它们的特性和粒度）。

② 知识获取：知识的来源很多，可以是专家、书籍、手册、数字、表格甚至是其他的 Ontology。

③ 概念化：用规格说明书中识别的领域词汇表描述问题和解决方案。允许最终用户确定一个 Ontology 是否有用，并且对于给定应用不需要查看源代码就是可用的；比较数个 Ontology 的范围、完整性、可重用性、共享性。

④ 集成：重用其他 Ontology 中已经建好的定义。可查看元 Ontology，选择和自己概念模型中的语义和实现一致的术语定义。

⑤ 实现：语言编码实现 Ontology 需要一套开发环境的支持，至少包括：词法和语法分析、翻译、编辑、浏览、搜索、评价、维护工具。

⑥ 评价：在 Ontology 生命周期的每个阶段和阶段之间，利用某种参考框架对 Ontology、软件环境、文档进行技术判断。评价包括正确性（verification）和有效性（validation）。

⑦ 文档化：每个阶段都应该有对应的文档。

（5）循环获胜法(Cyclic Acquisition Process)，是一种环状的结构，基本流程如下：

① 选择数据源：这是环形的起点，是一个通用的核心 Ontology 的选择。任何大型的通用 Ontology（Cyc、Dahlgren 的 Ontology）、词汇-语义网（WordNet,GermalNet）或者领域相关

的 Ontology（TOVE）都可作为过程的开始，然后确定用于抽取领域相关实体的文本。

②　概念学习：从选择的文本中获取领域相关的概念，并建立概念之间的分类关系。

③　领域聚焦：除去领域无关的概念。

④　关系学习：继承基础 Ontology 的关系，或通过学习的方法从文本中抽取。

⑤　评价：对得到的领域相关的 Ontology 进行评价，还可以进一步重复上述过程。

### 3.2.3.3　本体表示语言与支持工具

目前已有许多 Ontology 工具，大致可以分为两类。

第一类包括 Ontolingua，OntoSaurus，WebOnto 等。都是基于某种特定的语言（Ontolingua 基于 Ontolingua 语言，OntoSaurus 基于 LOOM 语言，WebOnto 基于 OCML 语言），并在一定程度上支持多种基于 AI 的 Ontology 描述语言。

第二类包括 Protégé 系列、WebODE、OntoEdit、OilEd 等。这些工具独立于特定语言，可导入/导出多种基于 Web 的 Ontology 描述语言格式（如 RDF(S)、DAML+OIL、OWL 等）由于支持基于 Web 的 Ontology 描述语言，这类工具都可以用于语义 Web 中 Ontology 的建设。在这组工具中，除 OilEd 是一个单独的 Ontology 开发环境或一组工具。它们支持 Ontology 开发生命周期中的大多数活动，并且因为都是基于组建的结构，很容易通过添加新的模板来提供更多的功能，具有良好的可扩展性，以下分别介绍这些工具。

①　Protege2000

斯坦福大学开发的 **Ontology** 编辑器，以树型的层次目录结构显示结构。通过点击相应项目来增加或编辑类、子类、属性、实例等，使用户在概念层次上设计领域模型，不需要了解具体的描述语言。支持多重继承并对新数据进行一致性检查，可扩展。可将 Protege2000 的内部表示转换成多种形式的文本形式，包括 XML、RDF(S)、OIL、DAML、DAML+OIL、OWL 等系列语言。同时，他后台支持数据库存储，使用 JDBC 和 JDBC-ODBC 桥访问数据库。它开放源码，使用简单，又详细友好帮助文档，模块清晰，提供完全的 API 接口，所以成为国内外众多研究机构的首选工具。单位提供合作开发支持，使用中存在限制。

② WebODE

马德里技术大学开发的建模工具，支持 Ontology 开发过程中的大多数行为，支持 Methontology 本体建设方法。它通过 Java、RMI、CORBA、XML 等技术实现，灵活、可扩展。不需要用具体的表示语言，而在概念层构建 Ontology，然后才将其转化成不同表示语言。WebODE 通过定义实例集来提高概念模型的可重用性。不同用户可用不同方法对同一个概念模型实例化，用户使用自己的实例集，使得应用间的交互性得到提高，并且，WebODE 对同一个概念模型可提供不同概念视图。允许用户创建对 Ontology 的访问类型，使用组的概念，用户可编辑或浏览 Ontology，并提供了同步机制来保证多个用户编辑同一个 Ontology。支持多继承、支持类、数值和集合基一致性检查，提供分类一致性验证。为开放源码，只能通过网络注册方式使用，使 ODE(Ontology Design Environment )的一个网络升级版本。

③ OntoEdit

由卡尔斯鲁厄大学开发。他使用图形方法支持 Ontology 的开发和维护。它将开发方法论（骨架法）与合作开发和推理的能力相结合，关注开发的三个步骤：收集需求阶段、提炼阶段、评估阶段。OntoEdit 支持 RDF(S)、DAML+OIL 和 FLogic。OntoEdit 提供对于 Ontology 的并发操作。

④ OilEd

由曼彻斯特大学开发的基于 OIL 的 Ontology 编辑工具，允许用户使用 DAML+OIL 构建 Ontology。基本设计收到类似工具（如 Protege 系列、OntoEdit）的影响，新颖之处在于：醉于框架编辑器范例进行扩展，表达力强；优化描述逻辑推理引擎，可跟踪推理。它作为原型测试和描述一些新方法，不提供合作开发的能力，不支持大规模开发，不支持移植、合并、Ontology 版本控制以及建设期间的讨论。其中新组件是描述框架，他由父类的集合组成。OilEd 描述框架与其他框架不同之处在于它允许使用匿名框架描述和高复杂性。OilEd 也可以将 Ontology 导出为其他格式，如 Simple RDFS、SHIQ、SHOQ(D)、HTML、DOTTY、DIG 和图形格式。OilEd 提供源代码。

### 3.2.4 语义 Web 的基础软件

确立 Web 中语义信息的描述方法和制定统一的语言标准是实现语义 Web 的重要基础性工作，但是这些标准和理论只给出了本体的统一描述方法和描述语言，并没有解决在网络环境下高效地对本体进行分布存储、引用和处理的问题，而这些工作又不可能由具体的应用去完成。因此，要实现语义 Web，就必须研究建立面向语义 Web 的、支持本体的基础软件。一般而言，建立面向语义 Web 的支持本体的基础软件应该满足如下的设计原则：

① 持久性：本体项的定义和关系能够永久存储；

② 分布性：本体可以分布于互联网上各个服务器；

③ 高效性：有相应的算法来高效地对本体进行分布存储、引用和处理；

④ 开放性：统一的本体表示语言和设计、开发方法；

⑤ 透明性：语义 Web 下的应用对本体的使用是"透明的"，即无需关心本体的分布与存储等细节；

⑥ 推理：能够以形式化的本体表示为基础进行推理，使 Web 应用表现出一定的智能性。

目前，很多科研机构以及业界团体在语义 Web 的基础软件上开展了相关的研究工作，开发了许多工具软件。它们中典型的有：

① ICS-FORTH RDFSuite

由欧盟 C-Web 和 MesMuses 项目支持的 ICS-FORTH RDFSuite 是一组 RDF 元数据管理工具，主要针对大规模的 RDF 元数据处理。它包括对 RDF 描述集进行解析、验证、存储和查询的各种工具，分别为 Validating RDF Parser(VRP，RDF 验证解析器)、RDF Schema Specific DataBase（RSSDB，RDF Schema 特定数据库）以及 RDF Query Language（RQL，RDF 查询语言）。RSSDB 工具运用已有 RDF 模式知识从 DBMS（如 PostgresSql）中获得资源描述集，不仅保留了 RDF 在精简模式和丰富描述方面的灵活性，还可以针对各种上层 RDF 描述（即模式）和底层 RDF 查询的特点用不同的方法对其进行定制，这些优点是其他基于三元组的数据库力所不能及的。

ICS-FORTH RDFSuite 的主要目标是将 RDF 模式信息与数据信息分离，同时将类和属性实例间的一元和二元关系区别开来。查询模块用 RQL 语言对所存储的 RDF 资源进行查询。该模块拥有健壮的 SQL3 查询引擎和 DB 索引，并尽可能将查询评价推送到底层 DBMS 以提高其性能；此外，还可以将它与网络服务器或其他的商用 ORDBMS 耦合使用。

② Sesame

Sesame 是一种基于 RDF Schema 的知识库及其查询工具，是 AIdministrator Nederland B. V. 公司为欧盟 IST 的 On-To-Knowledge 项目开发的主要成果之一。该系统包括知识库、查询引擎以及一个负责添加和删除 RDF 数据和模式信息的执行模块。它采用 RQL 语言表达式查询 RDF 数据和模式（本体）信息，可以理解绝大多数 RDF Schema 类和属性的语义，而且支持 RDF Schema 所需的基本推理，如 SubPropertyOf-和 SubClassOf-属性的推断。Sesame 采用的 RQL 语言和 ICS-FORTH RDF Suite 采用的 RQL 语言略有不同，一方面，两者对 RDF Schema 的解释方式不同，另一方面，Sesame 查询引擎并不支持 RQL 的所有特点。此外，Sesame 还可以存储大量 RDF 和 RDF Schema 的信息以支持查询。

③ Jena

由惠普（HP）公司开发的 Jena 是一组 Java 实现的 RDF 工具套件，包括 Java 模型/图接口、RDF 解析器（支持 N-Triples 过滤器）和基于 RDQL 的查询系统，并提供各种类支持 DAML＋OIL 本体以及 BerkeleyDB 或各种其他存储设备中的临时/永久内容。Jena 采用存储抽象机制，因此可以很容易地与新的存储子系统结合。为支持查询，Jena 一方面提供基于语句的 RDF 模型管理方式，将其作为 RDF 三元组的集合，另一方面提供基于资源的 RDF 模型管理方式，将其作为带属性的资源集合；同时，系统内置了对 RDF 容器（container）的支持。目前，该工具包尚不提供推理机制，因为它所采用的 RDQL 查询语言并不支持推理。

④ KAON 工具套件

Karlsruhe Ontology（KAON）工具套件建立在 KAON 语义网基础结构之上。它采用 Java 实现的可编程接口 KAON-API 访问本体和进行数据存储，从而使其独立于数据存储源如数据库、文本文件、KAON 服务器等，也使用户可以和各种不同的本体存储工具一起使用 KAON 前台（如编辑注解工具 OntoMat、RDF 自动搜索工具 KAON-CRAWL 等）。该工具通过主存储器将 KAON-API 直接映射到 RDF-API，实现处理 RDF 的图模型。由于存在着各不相同的多种本体表示语言，KAON-API 试图成为这些表示语言的中枢。这样，只要一种本体表示语言元语的定义和 KAON 语言的元语语义相当，用户就可以用它来表示本体，尤其是 RDF Schema 和 DAML＋OIL 本体。KAON 词汇集是 RDFS 词汇集的扩展，这一向后兼容性使 KAON 本体可以作为 RDF 和 RDF Schema 本体的扩展。然而，KAON-API 只支持一些简单的辅助本体浏览的查询（如取所有类或取某类的所有资源），而不能在查询语句中指定过滤器或路径表达式，因此不便于对本体进行管理。

⑤ RdfDB

由 R. V. Guha 实现的 RdfDB 要建立一个简单的可扩展开放源 RDF 元数据库，目前尚处于初级阶段，其目的是通过一种按 SQL 方式进行查询的文本查询语言实现面向图的查询接口，并支持 RDF 本体及一些基本的推理。RdfDB 选用一种高级的、采用简单图匹配机制的、基于三元组的类 SQL 查询语言，这种语言和 SquishQL 略有不同，它不支持对 SquishQL 所用变量的约束。RdfDB 还可以自动将一个 URL 上的所有内容加载到数据库中，其目的是希望成为 RDF、RSS、边标识 XML 和网上其他数据的一个超高速存储器。

⑥ Inkling

Inkling 查询引擎用于 RDF 文档的创建、查询和显示，由 ILRT（布里斯托尔大学的学习研究技术学院）的 Harmony 和 Imesh 项目部分支持。该引擎是用 Java 实现的 SquishQL，独立于应用程序接口和数据库，用于测试 SquishQL 在较小规模项目中的效率。此外，它还对所用的 SiRPAC 解析器进行了升级，以保证输入 RDF 数据的合法性。Inkling 可以用于任何用 Java 编写的 RDF 数据库，通过 JDBC 接口实现 SquishQL 查询。

⑦ RDFStore

RDFStore 是一组简单的直接管理 RDF 模型数据库的 Perl 模块，包括流式 SiRPAC 解析器和专为 RDF 模型设计的通用散列数据存储器。存储子系统支持透明存储，并可以在各种存储系统（无论内存、本地硬盘或高速可扩展异地存储介质）中检索 RDF 的结点、边和标识。目前，它支持各种不同的永久存储模型如 SDBM 和 BerkeleyDB。RDFStore 用 SquishQL 语言查询 RDF 知识库，完全由 Perl 正则式实现对值的查询过滤。查询解析、处理和执行操作都在客户端进行，这不仅减轻了 DBMS 服务器后台的负担，更增加了它的通用性。RDFStore 还支持在三元组上进行基本的 RDF Schema 推理，可以用任意字词表示文字值，从而更好地选择符合查询条件的结点。

⑧ Redland

由英国布里斯托大学开发的 Redland 是一个为存储、查询和操作 RDF 模型提供高层接口的程序库，它用自己的类实现了所有 RDF 模型的概念从而为它们提供了一个基于对象的应用程序接口。它包括一些实现解析和存储机制的类以及其它一些可按需增删的模块组件。具体说来，Redland 提供了一个用 C、Perl、Python 和 Tcl 编写的、模块化的、基于对象的程序库，通过 Java 接口操作 RDF 模型及其组件（语句，资源和文字），由解析器解析 RDF/XML 及 DAML＋OIL 和 N-Triples 等其它语法，在 Sleepcat/Berkeley DB

中临时或永久存储 RDF 模型，用三元组语句或者通过结点和弧对各接口的模型进行查询，并提供操作流创建、解析和存取模型。

⑨ TRIPLE

TRIPLE 查询引擎采用 TRIPLE 查询、推理与转换语言，还包含一个独立的 DAML＋OIL 应用程序，该程序采用 Jena 解析 DAML＋OIL 本体，提供合乎各种不同语法（LISP、面向 FaCT DTD 的 XML 等）的输出，支持可以自动调用的外接 DL（描述逻辑）分类器，而且此分类器的输出还可以还原为各种不同的格式如 DAML、LISP、XML 和 DOT。TRIPLE 的各种功能使其成为一个强有力的推理和查询引擎。

⑩ 其他

OntoKnowledge.org 是一个由 BT、Swiss Life 等多家欧洲科研机构和大学组成的研究项目。它的成果 OIL（Ontology Inference Layer）对本体语言提供了一个层次结构视图，已经成为 DAML 的一个基础。这些组织还开发了许多研究工具，其中最成熟的是 Oiled，它是一个本体的设计、编辑工具，支持 DAML 格式。

Cerebra 是由 Network Inference 开发的一种 RDF 推理引擎，即 RDF 自动推理机。它的功能和曼彻斯特大学 FaCT 描述逻辑引擎的功能类似，不同之处在于它可以支持实例和具体数据类型。Cerebra 支持协作，可以与 OilEd 和 Protégé-2000 通过 OIL 插件成功结合。

SiRPAC（Simple RDF Parser & Compiler）是一个 RDF 的解释器，被广泛使用于许多语义 Web 项目，由斯坦福（Stanford）大学开发。SiRPAC 实际上是一个 RDF API，可以在文件系统的基础上访问和存储本体。另外，Stanford 大学的 KSL 实验室的 Chimeara 是目前对 Web 环境下的本体研究最为成熟的成果之一。

Chimeara 是一个对本体进行分析以及对分布于不同位置的本体库进行合并（半自动）的软件，该软件以 Web 的方式提供用户使用。

OntoView 是一个基于 Web 本体版本的控制系统,本体表示语言为 DAML+OIL。Vrije Universiteit Amsterdam 的 Michel Klein 等人为解决本体演化所带来的问题，参考 CVS（Concurrent Versioning System 软件开发中控制代码版本的版本控制系统），通过保留版本间的概念上的关系和版本转变关系，给出不同版本间的透明接口。

总体来看，虽然目前对语义 Web 基础软件进行了比较全面的研究，并在一定程度得到应用，但是分析其中各个部分的功能，他们仍然存在以下问题：

① 国际化问题，这些基于本体的基础软件均存在语言支持问题。软件的平台主要以英语为基础,对于英语之外的其他语言则需另行开发相应的平台支持。

② 本体的分布性问题。在网络环境下，本体不可能仅存放于一处，因此具有分布性。目前 KAON 和 Jena 已经把本体的分布性作为进一步的研究课题。

③ 本体的粒度划分机制。目前本体分布的粒度比较简单，是本体中的一个类 CLASS。但从效率等各方面看，我们可以把多个关系密切的 CLASS 看成是一个本体构件，以本体构件为单位进行本体的分布，提高访问和处理本体的效率。

④ 推理机制的整合问题：当本体信息从 RDF 导入数据库或对数据库进行修改操作的时候，需要对概念的一致性进行检测。另外，目前的绝大多数基础软件都不支持本体规则的存入或是存储的规则不能进行有效的推理，因此，需要在基础软件中增加推理能力、统一地处理用本体方式表达的事实与规则。

### 3.2.5 语义 Web 的应用

#### 3.2.5.1 语义 Web 应用的基本架构

　　虽然面向 Web 应用的三层结构（或多层结构）、构件化的商务逻辑封装、基于 XML 和 Web 服务的自动电子商务等理论和技术已深入人心，但是现有的这些 Web 技术并不能真正实现人们期待已久的智能搜索引擎、智能信息代理、智能交易代理等基于 Web 的个性化、智能化的应用。

#### 3.2.5.2 语义 Web 应用的基本特点

　　一般语义 Web 有三个主要的特征：数据表示、语义和 Web 化。这三个特征都是不可或缺的，而且只有三者的结合才能揭示语义 Web 的本质。

　　① 数据表示

　　语义 Web 建立的基础是一种通用的数据表示（Data representation）格式，它适合表示半结构化数据和元数据。在这种格式中，数据被表示为一系列断言的合取，其中的每一个断言都是一个 subject/predicate/object 三元组（相当于汉语中的主/谓/宾结构），而三元组中的每一元都是一个通用资源标识（Universal Resource Identifier，URI），在全局命名空间中有着确定的位置。这样，无论是对象属性值、对象间的关系还是对值的注释，所有数据都可以统一表示，从而使世界各地的各类数据可以安全有效地结合，不会发生属性名冲突或是结构匹配错误。

② 语义

语义网的目的就是要表示语义（Semantics），这一功能是由模式（Schema）和本体（Ontology）层实现的。它在数据层的属性和类型之间建立了相互关系，如两术语是相当还是相异，或是其中一个包含了另一个，这使得数据源能够用机器可处理的格式清楚地描述它自身的概念模型，从而使访问它的软件系统可以决定对它的处理方式并分析它与其他数据源的语义关系。

可以通过类和属性的关联从现有术语中生成新的术语，而语义网也无须定义全局本体标准，那些散布于各处的数据源可以通过自由结合与其他本体的术语进行匹配，只要两者拥有共同的本体，它们就可以进行交流。

③ Web 化

半结构化的数据表示和概念模型的本体解释都不是什么新概念，语义网的独创之处在于将两者结合于一种网络结构之中，而且是用一些非常简单的方式（如利用 URI 为实体和属性、类型等概念定义全局命名空间）巧妙地实现这种结合。而正是这种简单的结合，带来了深远的影响。通过这种方法，在访问数据库的时候就可以访问到相应的本体；而且可以根据不同的需求随时随地创建不同的本体，留待实际应用中通过本体间术语的关联和结合实现领域间的数据转换，语义 Web 应用架构如图 3-3 所示。

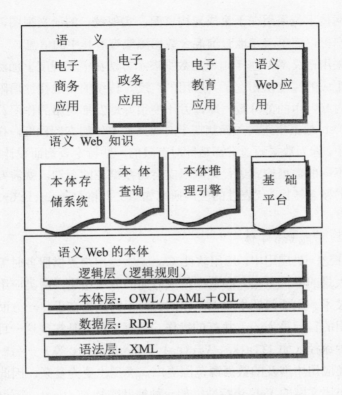

图 3-3　语义 Web 应用架构

### 3.2.5.3 语义 Web 应用分类讨论

① 数据集成

利用语义 Web 从多个数据源中导出数据进行集成，并实现跨数据源的查询。之所以要集成，是因为数据本身的应用价值所在，然而，由于数据源的异构特性使得用户难以方便地使用和处理这些数据，从而也阻碍了这些数据资源价值的发挥。在这类应用中，语义网技术的作用在于集成异构资源，实现统一的语义视图，借此用户可以简单清楚地查询混合数据源或查看其中的信息。

采用语义 Web 基于语义的数据表示方法在很大程度上加深了数据集成的深度，拓宽了其应用的广度。传统的集成往往局限于企业内联网中的部分数据库，并不能很好地发挥网络的作用。而语义 Web 数据集成的关键就在于对语义和本体的支持程度，在此过程中，因为数据源通常都是针对有限的一些特定查询而设计的，要将不同的数据模式进行集成以支持跨数据源的查询，就需要非平凡的概念转换。代表性的应用研究如语义网格（Semantic Grid）等。

② 智能 Web 主体

在这一类应用中，应用软件（Agent）为用户提供服务时需要集成大量的异构数据。和数据集成方面的应用相比，两类应用的关键技术和主要问题本质上是相同的，不同之处在于，一方面这类应用的目标是 Agent 执行的操作，数据集成只是实现这一目标的一种途径（如 ITTalks、Virtual Travel Agent 等）；另一方面这类应用中涉及的数据源范围更广，类型也更为复杂，因此更能突出语义网的 Web 化特性。如一种辅助购物的 Agent，不仅可以为用户提供所需商品的物价信息，而且还可以提供先前用户对商品的评价，这就需要 Agent 将用户对所需商品的描述与不同数据源中对商品的描述对应起来。这无疑是语义网的重要应用之一，很可能也是最吸引人的应用之一。

目前，这类应用发展得还比较缓慢，主要是因为数据的拥有者尚未意识到数据共享的价值所在，使得 Agent 无法获得这些数据源的信息，也就无从实现数据的共享。然而，只要有越来越多的数据得以共享，而且带来的经济效益也更为明显，那么这类应用的价值将得到更好的体现。

③ 语义门户

万维网上已有很多通过对超链接的组织实现信息集成的应用实例，如一些特定主题的论坛、通用的结构化目录（如 Yahoo 和 DMOZ）、信息检索引擎（如 Google）等。而语义网提供一种基于主体的信息集成方式，使门户网站可以从各地搜集和集成相关的分类、主题标识和注释，并通过语义标识将各种异构的视图映射为同样的资源加以利用。

这类基于语义的检索还可以与目前万维网上的搜索相结合，实现更为智能的网络搜索和链接。这也为语义网的应用提出了新的问题，就是如何将用户的无结构的查询映射到结构化的语义空间中并应用这些信息理解和丰富用户的查询，如 Museum portals 等。

这类应用将语义 Web 和万维网结合起来。如果只是针对一些小型的门户网站，只需要一些相对浅层的本体，实现起来比较容易，网上已经可以找到类似的系统；然而由于在这类应用中，用户并不能直接看到本体或源数据，因此语义 Web 的 Web 化优势并没有充分体现。虽然也有一些应用支持将数据和本体导出查看，但数据与本体之间的映射以及本体与本体之间的映射等问题仍未很好地解决，尤其不同数据源的本体难以互相结合，因此，要真正实现这类应用还需要更深入的理论研究的支持。

④ 知识管理

这类应用包括集体知识的形成、维护和运用，其目的在于更好地利用企业的精神财富创造物质财富，提高企业的生产率和竞争力。这里的知识特别强调其实用性，而不是信息的简单存储和组织。只有那些可以用来解决实际问题的信息才是知识，不能用到工作中的信息则是无用的。

通常在这类应用中，集体知识是以文档的形式表示的，如个案分析、旧例报告、公报说明等，这就需要运用语义 Web 对其分类和组织，并与实际问题结合。

借助本体知识，可以对各种异构的文档进行高级处理，如基于语义的搜索和查询、基于本体映射的文档互用等。这一类应用有着实际的商业价值，尽管它主要局限于特定领域的特定组织，并不能很好地利用和体现语义网的 Web 化特点，但是仍有望开发出更为高级的应用，以充分发挥语义 Web 在数据集成和全球 Web 化方面的优势。

### 3.2.5.4 基于语义 Web 的资源共享

要想在大规模的、分布的 Web 资源上建立动态的、跨平台的 Web 资源共享环境需要：识别基础的 Web 数据源，描述数据源的语义内容，建立多个数据源间对等的、灵活的、可控制的共享联系，动态地处理新的成员，跨越不同的平台、语言和环境，且共享机制不能对本地数据描述有任何改变，允许独立的数据所有者继续对自己的资源进行核心的控制。整个资源共享体系可以分为三层：数据层、本体层、知识层。

（1）数据层的基本功能是控制局部数据源，向上提供访问的接口。局部数据可以是关系数据库、XML 数据、Web 页面、文档等。这些数据可以是存储在一台计算机中，也可以是分散在局域网中，如分布在局域网中的分布式数据库。不同的局部数据源有着不同的数据模型和不同的管理系统，向外提供的数据访问接口也可能不同。

（2）本体层，用于描述数据层中数据的语义内容，封装数据层的数据异构性，向上提供语义服务。它主要由以下模块构成：本体模块、描述逻辑模块、DL Wrapper、本体注册/注销、本体到数据的映射、本体查询处理和 Data Wrapper，如图 3-4 所示。

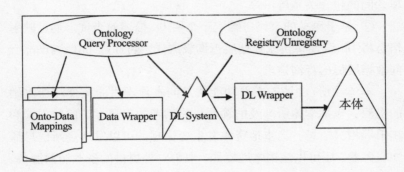

图 3-4　本体层结构

本体模块是指用某种本体描述语言（如 OWL）定义的本体（本文中提到的本体均指本体的内涵部分），用于描述数据层中数据的语义内容。对于不同的资源拥有者可能采用不同的本体描述语言。DL Wrapper 的功能就是将用具体语言描述的本体转换成采用 DL 定义的具有相同语义内容的本体。

本体到数据的映射是指描述逻辑本体与底层数据的映射，实际上就是建立 DL 系统中的 ABox，即概念（concepts）和角色（roles）的外延。映射对于封装不同数据源在结构上的异构性是至关重要的，它可以让用户仅关心本体所描述的语义内容，而不用考虑底层数据的真实结构。映射由两部分组成：本体中的概念（或角色）和表达式。

　　本体查询处理是本体层的核心模块，它的主要功能是：向上提供浏览本体和语义查询的接口。相应地，查询处理向上提供两种服务：

　　① 与本体相关的服务：查看本体中概念和角色的定义、查看概念间的包含关系等；

　　② 基于语义的查询：给定一个用 DL 描述的查询，通过映射信息将 DL 查询转换成数据层查询表达式，再通过 Data Wrapper 向数据层提出查询请求。

　　本体注册/注销的主要功能就是向本体索引服务器注册本地的资源，包括本体所涉及的领域、提供者的信息、访问的方式和权限等相关信息。当本地资源发生变化时，可以发送更新信息通知服务器。还可以注销本地资源，取消对外提供的资源访问服务。本体注册/注销是实现资源发现的重要环节。Data Wrapper 就是实现对底层数据的访问。

　　对于 Web 中众多的站点或资源提供者，多个本体的存在是必然的，且这些本体可能采用不同的描述语言，因此我们需要一种比语言更为抽象的东西来实现基于不同描述语言的本体之间的交互。由于描述逻辑在语义、可判定性以及面向对象的分类表示等方面优点，我们采用描述逻辑作为本体之间交互的基础。在解决了本体描述语言上的差异之后，我们还需要解决本体的语义异质性。不同的资源提供者在描述相同的事务时可能会使用不同的词汇；或使用同一词描述不同的事务；在定义相同的概念（或关系）时采用不同的表达式；采用不同的计量单位等。这些统称为语义异质性。知识层的目标就是有效地管理和协调这些具有语义异质性的本体。

本体层着眼于与"单个"资源的交互,而知识层是协调"多个"资源的共享。知识层还可以建立在其他知识层的基础之上。知识层是 OKSA 中最为关键的一层,虚拟知识环境是在这一层中形成的。它由以下模块组成:本体的目录管理、本体间的映射、本体的集成、查询转换、损失评价、用户查询处理和 Ontology Wrapper。本体的目录管理中记录了所有注册的本体信息,并根据本体描述的领域进行分类管理。目录管理不仅能让成员发现存在的本体资源,还能获得该本体的各种信息,如相关的领域、提供者的信息、访问的方式和权限等,以便对本体进行访问。

★ 本章小结

语义 Web 是计算机业和互联网业对网络下一阶段发展所作出的术语化定义,其基本含义即基于网络建立任何微小数据的连接,这种连接不仅仅局限于网页。在语义 Web 中任何微小的数据都可以与其他信息进行"沟通"。

七层体系结构对于语义 Web 的作用相当于 TCP/IP 体系结构对于计算机网络的作用,使其拥有了完整的表示方法和理论基础。进而通过 XML、RDF 和 Ontology 三大关键技术,在诸多基础软件的支持下,将其应用在像天气预报服务、在线航班预订服务、数字图书馆查询服务等各种依靠语义的自动化服务,从而可以让我们在互联网中的生活更加方便、准确和快捷。

# 习　　题

**1.选择题**

（1）语义 Web 模型是由下面哪位所提出来的：（ 　）

A.Tim·Berners·Lee 　　　　B.Bill·Gates

C.Steve·Jobs 　　　　　　D.Mark·Zuckerburg

（2）Web 发展的三个阶段不包括下面哪一个：（ 　）

A.HTML

B.XML 和在此基础之上发展起来的 WebXML

C.SOAP 和 UDDI

D.RDF 和 ADML

（3）语义 Web 层次模型中的本体层是非常重要的一层，那它是位于第几层：（ 　）

A.第一层 　　　　　　　　B.第三层

C.第四层 　　　　　　　　D.第五层

（4）本体包含的主要元素中没有的是：（ 　）

A.概念和属性 　　　　　　B.实例和关系

C.公理 　　　　　　　　　D.方法

（5）Studer 等将 Ontology 定义为共享概念模型的明确的形式化规范说明时，不包含的含义是：（　）

A. 概念模型　　　　　　　　B. 明确
C. 具体化　　　　　　　　　D. 共享

2.填空题

（1）Web 技术发展的三大阶段为：_____、_____和_____。

（2）2003 年 W3C 提出语义 Web 层次模型，由九个层次组成，分别是：Unicode 和 URI/IRI 层、_____和 Namespaces 层、XML 查询和 XML Schema 层、RDF 模型和语法与 RDF-S 层、_____层、规则和_____层、逻辑层、_____层和可信语义层。

（3）OntoEdit 是众多的 Ontology 工具中的一种，是由德国卡尔斯鲁厄大学开发，它将开发方法论（骨架法）与合作开发和推理的能力相结合，关注开发的三个步骤：_____、_____和_____。

（4）一般语义 Web 有三个主要的特征：_____、_____和_____。这三个特征都是不可或缺的，而且只有三者的结合才能揭示语义 Web 的本质。

3.简答题

（1）简述语义 Web 模型的关键技术。

（2）说明本体在语义 Web 模型中的重要作用。

# 第 4 章  语义 Web 服务组合

**本章重点**
- Web 服务语义描述的概念及其语言
- Web 服务发现
- Web 服务匹配
- 基于 BPEL4WS 的 Web 服务组合

## 4.1 Web 服务语义描述

### 4.1.1 Web 服务的语义描述

在 Web 服务这种描述方式下，服务的选取和执行通常是由手工来完成的，而如何让计算机根据必需的信息自动地、动态地查找和组合服务，需要 Web 服务的语义描述模型进行 Web 服务的语义标注才可以实现。为了能够对 Web 服务的内容和功能进行语义标注，使得计算机可以获得服务的数据、内容、功能以及在组合过程中的约束等，人们提出了基于语义 Web 的 Web 服务描述。

语义 Web 服务是将语义 Web 技术和 Web 服务技术相结合，利用语义 Web 丰富的语义描述能力和强大的逻辑推理能力来准确地描述 Web 服务的语义，使 Web 服务成为计算机可理解的、用户透

明的和实体并通过这些带有语义信息的描述和本体的推理功能来
实现服务的自动发现，组合和监控和调用，具体描述如图 4-1 所
示。

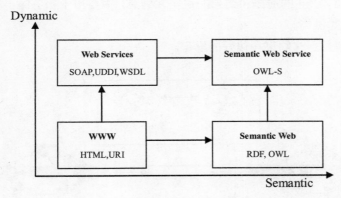

图 4-1 语义 Web 服务

随着 Web 服务的大量涌现，如何使机器自动，准确，高效地
进行服务发现、服务匹配、服务组合、服务监控和服务调用，成
为 Web 服务研究中的热点和难点问题，而语义 Web 为这些问题
的解决提供了新的途径。

语义 Web 服务研究的根本任务就是利用语义 Web 的语义方
法对 Web 服务进行标记，使 Web 服务成为计算机可理解的、用
户透明的和主体易处理的实体。语义 Web 服务研究的主要内容就
是 Web 服务的自动化执行问题。具体来说，它包括自动的 Web
服务发现、执行、组合及互操作和执行监控。

为了实现语义 Web 服务，必须对 Web 服务进行语义标记，
目前很多工作都是在语义 Web 的研究基础上进行的。它的内容主

要包括：

（1）服务性质和能力的说明性描述，这些信息主要用于自动的服务发现。

（2）服务的说明性 API，主要用于服务的自动执行。

（3）服务的前提和结果的说明性信息，主要用于服务的自动组合和互操作。

（4）用户约束和偏好的标记。

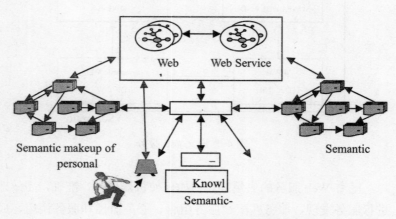

图 4-2 语义 Web 服务参考模型

图 4-2 展示了语义 Web 服务的参考模型。Semantic markup 就是通过 DAML-S 语言来表示 Web 服务的请求描述和服务描述。对用户的请求的语义可通过一个知识库来进行辅助解释，以确定需要哪些服务，并通过智能服务代理（Agent broker）从各个 Web 服务提供站点搜索，找到需要的服务，并自动执行服务，最后返回执行结果。

　　总之，在 Web 服务中有效利用领域本体进行服务的概念建模，可以指导 Web 服务应用的设计；在 Web 服务中有效利用语义信息，进行 Web 服务和语义 Web 的有机结合可以提高 Web 服务的质量；语义 Web 服务是语义 Web 和 Web 服务的结合，可为 Web 服务的发现、执行、解释和组合的自动化提供有效的支持。

### 4.1.2 服务描述语言的分析与比较

　　要实现服务的自动发现，服务的语义描述是基础和关键。标准的 Web 服务缺乏必要的语义信息，导致 Web 服务功能得不到准确的描述，无法消除服务语义的模糊、理解的歧义性等问题，并影响了 Web 服务的自动发现、匹配和组装。语义 Web 服务将语义 Web 概念和 Web 服务研究相结合，利用语义本体对 Web 服务建模，在语义层面对服务接口、服务消息、服务结构、服务交互等进行描述,结合语义推理技术支持 Web 服务自动发现、组装、调用和监控等关键过程。语义 Web 服务具影响力的代表性工作包括：

　　(1)OWL-S (Web Ontology Language for Services)：前身为 DAML-S，基于可判定的描述逻辑，将 Web 服务的本体分成三个上层本体，目前在语义 Web 服务领域最具影响力；

　　(2)WSMO/WSML(Web Service Modeling Ontology)：基于框架逻辑，从四个方面描述语义 Web 服务:Ontology, Web Service, Goal 和 Mediator；

　　(3)SWSO/SWSL(Semantic Web ServiceOntology)：基于一阶逻辑，充分吸收了 OWL-S 和 WSMO/WSML 的优点；

　　(4)WSDL-S：独立于语义表达语言，允许开发人员选择本体语言，如 OWL 或者 UML。与其他工作相比，WSDL-S 基于标准

WSDL 扩展，与已有的工具平台有更好的适应性。如表 4—1 所示，本书就三种典型语言特点进行比较。

表 4-1　三种主要的语义 Web 服务描述语言的比较

| | | OWL-S | WSMO | WSDL-S |
|---|---|---|---|---|
| 相同 | | 从三个方面描述服务的语义：基本描述：服务名称，提供者，提供者联系方式等功能描述：IOPE(输入，输出，前提，结果)非功能描述：QoS，服务分类 | | |
| 不同 | 供需双方语义描述模型 | 相同 | 不同 | 没有提供服务需求的语义描述 |
| | 对不同语言表达的领域本体的支持 | 不支持 | 支持 | 支持 |
| | 语义描述文件格式 | XML(OWL-S)文件 | XML（WSML）文件 | XML(WSLD-S)文件 |
| | 其他 | 最早的，使用得最多的描述语言 | 采用 MEDIATOR元素进行不同本体的匹配定义一套标准的词汇描述 QoS | METOR 项目采用 ABLE Rule Language 和 ABLE 推理机进行推理匹配 |

对于服务的描述部分，不同的语言都包含了本质上相同的内容，即服务描述可定义 WS=<S, C, Q>，其中 S 是基本描述，即服务名称、服务的商业实体以及服务的文本描述；C 是服务功能描述，即对服务的行为描述，包括服务的输入参数 Inputs，输出参数 Output、前提条件 PreCondition 和后置条件 Results；Q 是对服务非功能属性的描述，包括服务质量和分类。

各种语言的不同之处是表达这些描述信息的规范不同，描述文件的创建方式不同，实际上他们之间是可以实现等价转换的，具体采用哪种语言可以针对不同的应用加以选择。现有的服务描述语言，它们的主要区别在于：服务需求的语义描述，领域本体的使用限制和语义描述文件的规范三个方面。

对于需求的语义描述，OWL-S Profile 最大的特点就是双向的，服务提供方可以用它来描述服务的功能，服务使用方可以用它描述所需的服务。这样服务发现时，匹配程序利用这种双向的信息进行匹配。

WSDL-S 没用提供对所需服务的语义描述，服务需求的描述完全由用户决定。由于 WSDL-S 允许任意语言的领域本体的使用，而且对服务需求没有明确的定义，导致其匹配程序的通用性较低。

WSMO 采用不同的上位本体描述发布服务与需求服务的语义。WSMO 的 Web Service 定义服务的功能和非功能信息，其中功能描述用 Capability 表示，Capability 包括 Preconditon，Assumption，Postcondition 和 Effect，它们与 OWL-S Profile 中的 Input，Precondition，Output 和 Effect 是对应的；Web Service 的非功能信息用 Nonfunction Property 表示，Nonfunction Property 定义了需要描述的服务质量信息。

WSMO 中用户的需求用 Goal 元素描述，Goal 中包括对服务非功能和功能的需求。非功能需求用 Nonfunction Property 表示，功能需求用 Request Capability 表示，Request Capability 内容与 Web Service 中的 Capability 相同。所以 WSMO 虽然将服务的语义与需求的语义分开描述，但两者的内容是一致的，两个本体没有本质的区别。

WSMO 的最大特点是引入 Meditor 元素解决异构问题，也就是当 WSMO 的 Service 和 Goal 使用不同本体时，Meditor 负责不同本体之间的映射关系，由于这种本体映射关系在 WSMO 内部处理，即将服务匹配算法要处理的本体匹配部分放在 WSMO 的描述语言中，这使得 WSMO 极其复杂，WSMO 的这种表达引起了一些争议，争议的焦点集中在将不同领域本体的匹配问题在应用系统的系统结构中解决（如 OWL-S 的处理方式）还是在服务描述语言中解决。目前 WSMO 的这部分标准还在完善之中。

对于发布的服务的语义描述，不同的上位本体虽然表达的形式不同，但基本上在描述内容上达成了共识，那就是发布的服务可描述为 WS=〈基本描述，功能描述，性能描述〉。对于服务需求的语义描述，现有的服务描述基本上都没有考虑用户自身的特征。

### 4.1.3 OWL-S

目前语义 Web 服务主要利用 Ontology 来描述 Web 服务，然后通过这些带有语义信息的标记来描述 Web 服务以实现服务的自动发现、调用和组合。OWL Services Coalition 研究组提出的语义 Web 服务标记语言 OWL-S 最有代表性。

OWL-S 是当前服务的语义描述方面的一项重要工作，得到了众多研究者的认可。OWL-S 提供了一种用来描述服务的属性和功能的 OWL-S 本体规范，它的目标是使得服务成为计算机可理解的实体。OWL-S 主要由三部分组成， Service Profile 用于服务发现，Service Model 用于描述用户的服务交互过程，Service Grounding 用于服务的使用方法。

在 OWL-S 中，描述服务的基本信息主要有下面三类本体：Service Profile 描述"服务能干什么"，一方面，服务提供者用它来描述所提供的服务；另一方面，服务请求者也可以用它来描述所需求的功能。按照目的划分，Service Profile 包含两部分内容，一部分是面向人的信息，比如服务名、服务的文本描述，一部分是面向机器处理的信息，用于形式化的定义服务的功能，比如服务的功能与接口，以便于服务代理能够搜索与匹配该服务。

概括说来，Service profile 主要描述以下信息：

①服务提供者的白页和黄页信息。

② 服务的功能信息。

③ 提供服务的所属的分类，服务 QoS 信息。

Service Profile 也提供了一种机制来描述各种服务的特性，服务提供者可以自己定义。 Service Profile 描述服务的功能，主要用于 Web 服务发现。它包括三个类，如图 4-3 所示。

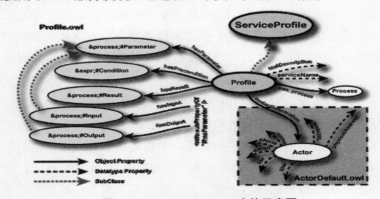

图 4-3 Service Profile 本体示意图

　　Actor：描述服务的名称，地址，E-Mail，电话等信息，主要是服务的文本描述。

　　Functional Attributes：描述服务的分类信息，服务质量（QoS）信息。

　　Function Behaviors：用输入(Input)、输出(Output)、前提条件(Precondition)、执行效果(Effect) 简称"IOPE"，描述服务的具体功能。Inputs 和 Outputs 是指服务的输入和输出，可以理解为服务执行前后数据的变换；Preconditions 和 Effects 是指服务的前提条件和效果，即服务执行前应该满足的条件和服务执行后实际产生的效果，可以理解为服务执行前后状态的改变。

　　**Service Profile** 最大的特点就是双向的，服务提供者可以用 **Profile** 描述服务功能，服务请求者可以用 **Profile** 描述所需服务的需求。这样服务发现时，匹配程序（**Matchmaker**）可以利用这种双向的信息进行匹配。

　　Service Profile 中机器可处理信息，是 OWL-S 语义信息的核心部分，这部分信息可以归结为服务的"输入"、"输出"、"前提条件"、"执行效果"四部分。"输入"、"输出"部分定义了参数的数据类型，此数据类型是由 OWL Ontology 中定义的词汇表示的。"前提条件"和"执行效果"涉及服务可见的世界状态(或者称为环境)，"前提条件"是使服务有效所必须存在的世界状态，"执行效果"是服务执行所能引发的世界状态的改变。

　　分析来看，"输入(Input)"和"输出(Output)"是指服务的输入和输出，可以理解为数据的变换；"前提条件"和"执行效果"是指服务的前提条件和效果，即服务执行前应该满足的条件和服务执行后实际产生的效果，可以理解为状态的改变。分析 OWL-S 语义信息的核心描述，我们发现很多服务的描述并不是全部包含 IOPE 四个属性，有些服务只有"输入(Input)"、"输出(Output)"的属性描述，也有些服务可以用"前提条件"和"执行效果"两个属性描述。针对这种情况，我们把只有"输入(Input)"和"输出(Output)"描述的服务称为信息类 Web 服务，用"前提条件"和"执行效果"描述的服务称为动作类 Web 服务。

Service Profile 最大的特点就是双向的，服务提供者可以用 Profile 描述服务的功能，服务请求者可以用 Profile 描述所需服务的需求。这样服务发现时，matchmaker 可以利用这种双向的信息进行匹配。 Service Profile 是独立于注册模型的，无论是集中式的（如 UDDI）还是分布式都能够支持。

Service Model：描述"服务如何工作"，对服务流程进行建模，定义客户端与服务的交互模式。这里有两种形式的服务流程，原子服务流程(Atomic Processes)和组合服务流程(Composite Processes)。其中原子服务流程是指客户端只有一次交互过程的服务流程。组合原子服务流程是通过"顺序"、"分支"、"循环"、"并行"等流程控制结构，以及控制参数数据在流程中的传递路径，组合原子服务流程得到的。

发现服务代理至少可以以 4 种不同的方式使用这个描述：

（1）执行更进一步的分析，看服务是否满足需要；

（2）组合多个服务执行一个专门服务；

（3）在服务制定过程中协调不同参加者的活动；

（4）监控服务的执行。

允许根据一些处理、输入、输出、前置条件和每一处理的结果进行描述。处理结构可能以递归方式建立，如服务可能包括一组子服务。

　　Service Model 主要是服务提供者用来描述服务的内部流程。一个 Service 通常被称之为一个 Process（过程）。首先定义 Process 的 Ontology。 Process 分为三类：Atomic Process，Composite Process，Simple Process。

　　（1）Atomic Process（原子过程）是不可再分的过程，可以直接被调用。每一个原子过程都必须与提供一个 grounding 信息，用于描述如何去访问这个过程。

　　（2）Composite Process（复合过程）是由若干个原子和复合过程构成的过程。每个过程由一个 ControlConstruct 定义。ControlConstruct 定义了复合过程中每个子过程的执行顺序。OWL-S 中定义的控制流有 Sequence，Split，Split+Join，Unordered，Choice，If-Then-Else，Iterate，Repeat-Until 这几种，具体过程如图 4-4 所示。

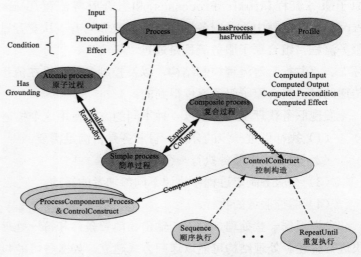

图 4-4　服务过程的上位本体

（3）Simple Process 是一个抽象概念，它不能被直接调用，也不能与 grounding 绑定。观察一个服务通常可以有不同的粒度，当我们需要关心一个服务的内部细节时，可以将这个服务定义成 Simple Process。一个 Atomic Process 可以 realizes 一个 Simple Process，一个 Composite Process 可以 collapseTo 一个 Simple Process。

Service Profile 和 Service Model 中都用到了 IOPE，两者并不需要完全一致，通常，Profile 中的 IOPEs 是 Service Model 中的 IOPEs 的子集，这根据服务提供者需要发布的功能而给定。

Service Grounding：描述如何访问服务，主要描述访问服务时的通信协议及其他一些特定细节，主要处理协议和消息格式，序列化（Serialization），传送（Transport）和选择（Addressing）。Grounding 可看作在抽象的 OWL-S 与具体的 WSDL 之间的一个映射，把 OWL-S 中的参数与操作对应到 WSDL 中的消息与操作。

OWL-S 定义了 Web 服务的语义描述规范，但是由于 OWL 本身是无状态的，其无法区分执行服务之前的状态和执行服务之后的状态，因而无法体现出 OWL-S 中使用的"前提条件"和"执行结果"所蕴涵的语义信息，从而对于引起状态改变的服务无法严格地刻画其语义。

针对 OWL-S 刻画信息提供服务时的局限，英国利物浦大学的 Bovykin 等在刻画服务的输入和输出的基础上，增加了对输入与输出之间关系的刻画；并且，对这三个方面的刻画完全基于语义 Web 上的本体，从而可以将服务匹配和服务组合问题转换为对本体的关联查询问题。意大利米兰大学的 Bonatti 从更为彻底的逻辑的角度研究了语义 Web 服务，其从输入输出关系的描述中提取出构造算子，构建出了一类逻辑系统 SDL(X)；其中的 X 可以是任何一种描述逻辑，SDL(X)则是在 X 的基础上加入了几种服务描述形式。在此基础上 Bonatti 研究了服务的可满足性问题以及服务之间的包含和等价问题，将它们转换为描述逻辑中的相关推理问题来解决。Bonatti 的工作为信息提供服务的描述和推理提供了有效的逻辑工具，但不能处理引起状态改变的服务。

由 ESSI（European Semantic Systems Initiative）的 WSMO 工作组领导的 WSMO（Web Service Modeling Ontology）项目在语义 Web 服务的研究中具有日渐增强的影响力，其目标在于创建一个可以充分和全面地描述语义 Web 服务的建模本体。与 OWL-S 相比，WSMO 从设计思路上来说具有一些显著的优点，但其许多工作尚处于设想之中。

语义 Web 服务与普通软件的不同之处，就在于描述 Web 服务的词汇，可以由本体来定义，主体可以在语义 Web 的基础上，对这些词汇进行理解。如不特别说明，本论文所说的 Web 服务泛指由 OWL-S 描述的语义 Web 服务，其语义的基本要素包括：输入参数、输出参数、前置条件、执行效果、执行功能。

虽然 OWL-S 定义了用于刻画服务的词汇及词汇之间的关系，构建了一个统一的 Web 服务描述规范，但不能满足对语义 Web 服务进行描述和推理的需求，尤其考虑到服务使用过程中的复杂性，仍然需要第三方软件的辅助。

### 4.1.4 OWL-S 与 WSDL 的关系

由 4.1.3 节可知 ServiceProfile 不仅刻画了 Web 服务为代理提供什么的问题，也刻画了服务需要代理什么的问题，为代理自动发现服务提供了可能。而且 ServiceProfile 可以根据需要的

不同，设置 Profile 的子类来描述不同的需要。这样就解决了
WSDL 先天的描述服务提供智能服务的不足。

　　OWL-S 的 ServiceModel 把对 Web 服务的操作描述为过程模
式，详述了诸如执行一个服务所需的步骤这样的服务控制结构和
数据流结构。操作过程分为原子过程，简单过程和复合过程。其
中原子过程是可以直接调用的过程，不能再分解，一步执行完。
原子过程可以直接连接（grounding），使服务请求者能够创建一
个调用消息，并能够解释响应消息。简单过程由原子过程实现，
可以扩展为一个复合过程，不能直接调用，也不需连接
（grounding）。复合过程可通过 Sequence 和 If-Then-Else 分
解为原子过程或简单过程。

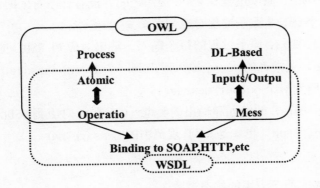

**图 4-5　OWL-S 与 WSDL 的映射关系**

　　OWL-S 和 WSDL 是互补的，因为两者实际上覆盖了不同的概念
空间。如图 4-5 所示，OWL-S 和 WSDL 在提供 WSDL 所谓的"抽象
类型"规范方面确实存在重叠。WSDL 用 XML Schema 表达，而 OWL-S

用 OWL 类表达。但是 WSDL/XSD 表达不了 OWL-S 类的语义,而 OWL-S 表达不了 WSDL 的绑定信息。因而,采用 OWL 类表达 WSDL 中抽象类型的声明,而使用 WSDL 的绑定结构表达消息的格式。

OWL-S/WSDL Grounding 需要实现下面的映射过程:

(1)将一个 OWL-S 原子过程映射为一个 WSDL 操作。

一个拥有输入、输出的原子过程映射为一个 WSDL 的 request-response 操作。

一个只有输入的原子过程映射为一个 WSDL 的 one-way 操作;

一个只有输出的原子过程映射为一个 WSDL 的 notification 操作。

一个拥有输入、输出并且发送输出在接收输入之后的组合过程映射为一个 WSDL 的 solicit-response 操作。

在 OWL-S 原子过程和 WSDL 操作之间并没有一一对应的关系。允许一个 OWL-S 原子过程对应到多个 WSDL 操作。

(2)OWL-S 原子过程的每个输入、输出对应到 WSDL 的一个 message。更准确的,一个输入对应到一个 input message,一个输出对应到一个 output message;

(3)OWL-S 的输入和输出的类型(OWL 类)对应到 WSDL 中的 abstract type(也就是 WSDL 规范中的 message part)。

## 4.1.5 Web 服务应用的构造过程

从活动的角度出发,Web 服务被视为业务逻辑执行场景中的对象。使用 Web 服务来构成应用时,包括以下活动:

(1)Web 服务的发布。使用 WSDL 或者其他服务描述语言来描述 Web 服务,并在 UDDI 中注册,使得应用程序可以根据服务的目标和能力来发现服务。

（2）Web 服务发现。服务的发现过程就是针对用户的服务请求的描述和 UDDI 中对应服务的描述进行查找的过程。服务的查找匹配可以在待完成的任务和可以完成此任务的服务间进行。

（3）Web 服务匹配。当有不止一个服务与请求匹配时，必须进行选择。一些非功能属性（如代价、质量等）可以用来作为选择的标准。还可以在服务请求者和提供者之间建立更加专业的或基于 Agent 的协商机制，但这要求服务本身是基于知识的。

（4）Web 服务组合。组合通过一系列简单服务的合作形成一个复杂的服务。在服务本体中，用工作流的方式描述的服务组合可以改用控制结构来描述。

（5）Web 服务调用。当请求者为服务准备好输入之后，语义 Web 服务的调用将分为如下几个步骤：首先，与服务相关联的服务本体和领域本体必须实例化；其次，将输入映射到服务本体类型并验证其正确性；最后，服务被调用或工作流被执行。

（6）Web 服务部署。服务的部署与其语义描述的发布是独立开的，因为同一个服务可能有多种目的和用途。

（7）Web 服务的管理。对服务本体的管理是语义 Web 服务的基础活动，因为它确保了服务的语义描述的创建、访问和重用。

服务发布就是如何表示服务以利于计算机理解，它的任务是构造一种服务描述语言来描述服务。服务匹配即帮助用户定位他们所需要的服务。服务调用就是具体使用服务提供者的服务，即按照服务提供者的要求，传给它必要的入口参数等，等待它的返回结果。该过程的主要问题有：找到服务提供者的位置以及服务参数（或者服务结果）的传输协议等。服务匹配是服务提供者与服务请求者之间的协商过程的结果，主要有三个问题：使用什么协商协议？协商的问题是什么？以及协商者使用什么样的推理模型？对于一个服务请求者，如果有多个服务提供者能满足它的要求，这就存在服务协商问题，协商的内容包括服务时间、价格、质量等，即服务请求者通过协商来选择它"最满意"的服务提供者。

在 Web 服务构造即时应用的过程中，研究者关注的比较关键的三个环节是服务的发现、服务的匹配和服务的组合。

服务发现，又叫做服务选取。Web 服务的大量涌现对服务发现提出了挑战，怎样在大量已发布的服务中快速、准确和全面地发现满足服务使用者需求的服务成为面向服务的计算中的关键问题和难点问题。随着 Web 服务应用的不断增长，在实际中，用户常常要面对各种不同表现形式的服务，如何准确、高效地找到所需的服务无疑是十分重要的。服务发现是面向服务体系架构中的一个重要部分，其核心作用是：根据用户的查询请求找到所需服务。

Web 服务匹配是匹配器（或称匹配程序或算法）根据需求方的描述发现和选择满足要求的服务的过程，也就是服务匹配器根据 Web 服务的描述，确定服务使用方描述的服务与服务提供方描述的服务的匹配程度的问题。

服务组合是服务管理的一个关键问题。简单地说，它要解决的问题是：当服务请求者提出服务请求时，系统中没有一个单独的服务提供者能满足该服务请求者的要求，但是，通过几个服务提供者的"合理组合"可以满足服务请求者的要求，即几个服务提供者联合起来可以为服务请求者提供它所需的服务请求。当单个的 Web 服务不能满足用户需求的时候，就需要考虑，能否将能够查找到的单个原子 Web 服务组合在一起满足用户需求。这就是 Web 服务组合的研究内容。

## 4.2 Web 服务发现

随着 Web 服务的应用范围不断扩大,Web 服务数量逐渐增多, 不可避免地出现了许多服务提供者提供相同功能服务的情况, 而使用单 Web 服务的用户或 Web 服务组合的使用者, 在执行某一个 Web 服务时只能选择提供相同功能服务中的一个, 于是出现了 Web 服务发现的问题, 即寻找 Web 服务, 并通过对 Web 服务的评估进行选取。根据这些服务具有不同的服务质量(QoS), 需要基于服务质量要求对具有相同功能的 Web 服务进行选择。Web 服务质量的评价是指导 Web 服务选取与组合的主要手段。

W3C 组织提出了用于服务发现的通用描述、发现和集成规范 UDDI。它定义了一个通用的服务信息注册中心软件, 该注册中心软件以 XML 格式存储和管理各类服务元信息,并以 Web 服务的方式提供基于元信息的服务发布和发现。但是由于 UDDI 所面临的信任和信息质量等问题,其应用范围很小。UDDI 只是用于服务发现的一种规范, 不包含具体的实现技术。目前大多数 Web 服务发现技术都考虑有效利用服务的语义信息, 以服务发现的自动化和智能化为目标,并采用信息检索中的某些评价标准, 如查准率和查全率, 来评价 Web 服务发现技术的性能。

以基于框架的方法实现服务的查找与发现时, 所有的服务属性都以逻辑的形式表示。然而, 服务的逻辑表示和服务的逻辑推理都具有很高的计算复杂性, 使得该方法并不能应用到实际中。UDDI 演绎检索方法就是基于框架方法的一个变种。Klein 在 2001 年的 SWWS 会议上提出了一种基于语义、利用过程本体来实现的 Web 服务发现技术。该技术将服务的功能作为过程模型，并定义过程本体，将 Web 服务通过索引关联到该本体上。然后采用过程查询语言 PQL 用来定义查询，通过对过程模型中的过程本体与查询中所用到的本体概念相匹配的方法，确定服务是否满足该查询请求。

但是，在传统的服务发现技术中，一般通过精确匹配完成服务查找，不能较好地支持基于概率和语义约束的模糊匹配，使得服务执行的整个过程受到影响，而且对于语义冲突问题没有给出可行的解决方案。

一些研究人员从判断服务相似的角度，提出了一些服务替换的方法。此时，以正在使用的服务作为检索条件，找到可以替换这个服务的其他服务，在应用执行时的异常处理中具有重要应用。从本质上看，这也是一种服务发现技术。Woogle 采用类似查找关联规则方法对 Web 服务方法中的参数进行聚类，实现了相似服务的查找；Paolucci 等人通过 DAML-S 来研究 Web 服务间的语义匹配，提出了基于分类树的服务与请求匹配框架。

近期的研究工作中，Andrea 等人在 UDDI 中增加嵌入式的推荐组件，从而扩展了 UDDI 的能力，使其兼具服务推荐的功能。在 WASP 项目中扩展了 UDDI 的功能，在服务发现过程中使用服务的语境信息，并引入语境本体提高了基于语境参数匹配服务的性能。

Web 服务检查语言（Web Service Inspection Language，WS-Inspection）是另外一种有关服务发现的机制，它利用分

布式使用模型满足部分需求。WS-Inspection 文档提供一种方法来聚集不同类型的服务描述。在不同的 WS-Inspection 文档中，一个服务可以拥有多种指向服务描述的引用。

　　Web 服务发现就是服务请求者以某种方式在不同的 Web 服务中找到所需 Web 服务的过程。Web 服务发现是服务请求者寻找服务提供者和服务描述文档的过程，是整个 Web 服务模型的关键。Web 服务发现其实是通过服务注册中心寻找满足服务请求者需求的服务提供者的过程。Web 服务发现的整个过程由如下几个步骤组成：

　　（1）服务提供者对其提供的服务进行描述。

　　（2）服务提供者发布 Web 服务。

　　（3）服务请求者向 UDDI 注册中心查找是否存在具有合适功能的服务提供者(请求者需求描述)。

　　（4）UDDI 注册中心将服务请求者的需求与存储的服务描述进行匹配并返回结果(服务匹配)。

　　（5）服务请求者根据返回信息绑定所需服务。

## 4.3　Web 服务匹配

　　目前，Web 服务的注册机制 UDD 上的服务匹配是通过对 UDDI 上的服务注册信息进行关键词精确匹配实现的，主要是对服务 ID 或名称或是服务的有限的属性值进行匹配。但如同使用搜索引擎一样，人们在感谢 UDDI Web 服务注册中心带来的寻找 Web 服务的便捷的同时，也常常为查准率和查全率不高困扰。主要原因在于，基于关键词匹配的 Web 服务发现具有以下缺陷：

（1）对所需查询的目标语义不能准确描述。因为服务的语义很丰富，仅仅几个关键词很难全面的描述一个服务。

（2）不能度量候选者和查询目标间的符合程度。

（3）不能使用细化、泛化、平级扩展等语义操作进行查询。其中前两点是影响查准率的重要因素，第三点主要影响查全率。怎样在现有服务描述中加入服务的语义信息，通过服务语义的匹配来准确地查找服务成为关注的焦点，而语义Web 的出现成为解决这一问题的一种途径。

### 4.3.1 服务匹配流程

语义 Web 服务匹配流程如下：

（1）服务提供方将应用程序代码进行封装，生成服务及服务描述文件，服务描述文件格式符合 WSDL 定义，成为服务的 WSDL 文件。服务提供方对服务的输入输出前提结果，质量等信息用领域本体中的概念，实例或规则进行描述，形成语义 Web 描述文件，该语义描述文件中的部分描述内容可以利用现有的工具软件（如 WSDL2OWL-S）从 WSDL 文件生成。在描述过程中，语义 Web 描述语言的功能是为服务的语义描述提供上位本体，即在上位本体中约定或限制 Web 服务中需要描述的项目，并给每个要描述的项目一个规范的名称和描述格式，领域本体的概念，实例等才是具体的描述内容。

（2）服务提供方将语义 Web 服务描述文件以及相关的描述信息在 UDDI 中注册。

（3）从图中右下角开始，服务使用方输入服务的语义描述信息，该描述信息使用领域本体中的概念，实例或规则描述服务描述语言中约定的项目，形成服务需求的语义 Web 描述文件。

（4）服务使用方将服务请求的语义描述传送到 UDDI。

（5）语义 Web 服务匹配程序匹配算法判断提供方和使用方的语义文件的匹配程度，匹配时匹配器从 UDDI 注册信息中获得服务双方的语义描述信息，使用领域本体判断两个服务的匹配程度，并将最为匹配的服务返回给服务使用方。

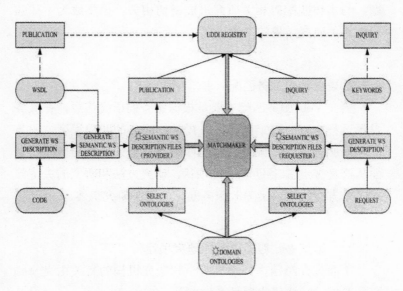

图 4-6　Web 服务匹配流程和框架

如图 4-6 所示，服务发布方从程序代码生成 Web 服务，通过语义描述形成语义 Web 服务描述文件，并将服务描述文件发布到服务注册中心（如 UDDI）。服务请求方根据用户形成需求的语义描述文件，并从服务注册中心查询符合需求的服务。服务发布方和请求方在形成服务的语义描述文件时都要使用领域本体，服务匹配程序在匹配服务请求发布双方时，主要使用双方使用过的领域本体来判断双方的语义匹配程度。因此，领域本体的使用，针对本体表示设计的匹配算法是服务匹配的关键，领域本体的使用涉及单个或多个本体的使用问题，当服务双方使用不同本体时，存在不同本体之间的映射与匹配问题，这些都是语义 Web 服务匹配中的难点问题，与本体匹配等相关研究进展密切相关，也将成为本体匹配等相关研究结果的具体应用。

### 4.3.2 语义 Web 服务匹配

　　语义 Web 服务匹配主要是根据服务的语义信息，在服务发现过程中判断需求的服务与提供的服务的匹配程度。服务匹配在服务发现和服务组合过程中起着至关重要的作用。下面从语义 Web 服务匹配研究项目，研究方法和研究的关键问题三个方面给出语义 Web 服务匹配的相关研究综述。

#### 4.3.2.1 语义 Web 服务匹配的研究项目

　　下面先介绍国内外一些大学和研究机构的有关语义 Web 服务匹配的一些研究项目。

　　卡内基·梅隆大学的 OWL-S/UDDI 服务匹配项目，采用 OWL-S 语言描述 Web 服务的功能，并将语义描述信息注册到 UDDI 中。在服务发布阶段，对服务 Input 和 Output 中的概念根据本体中包含关系预先计算它与可能的请求（也就是本体中的其他概念）之间匹配关系，保存这些匹配关系以供查询。

该项目中的服务匹配算法将匹配结果扩展为精确匹配，可替代匹配和包含匹配和不匹配四种类型。主要是利用本体概念之间的包含关系来判断两个服务参数之间的匹配类型。该项目开发了 WSDL 文件转换位 OWL-S 描述文件的工具 WSDL2OWL-S 以及将 OWL-S Service Profile 自动注册到 UDDI 的工具 OWL-S2UDDI。

Gieorgia 大学的 Meteor 项目，主要是采用 WSDL-S 来描述服务的语义，并在此基础上进行服务的匹配与组合。

WSDL-S 是 W3C 根据 IBM 和 Gieorgia 大学提交的草案修改的一种语义 Web 服务描述方法。它主要是针对 OWL-S 描述中的两个问题提出。第一个问题是服务的输入输出在 WSDL 中已有描述，OWL-S 中又进行重复描述。第二个问题是 OWL-S 要求所有服务的描述都使用基于 OWL 语言的本体，这样排除了其他语言描述本体的使用，也就限制了 OWL-S 的应用。

针对以上两个问题，WSDL-S 采用在服务的 WSDL 文件中添加语义描述的办法，尽量保持与现有协议与技术的兼容性。WSDL-S 中采用的用领域本体标注服务的 IOPE 的示例。其中的领域本体可以采用任意本体描述语言，并不限于 OWL 语言。

这种方法的关键是各种领域本体之间的转换机制，即本体映射机制。Nicole Oldham 在 WWW 2006 国际会议发表的论文《Semantic WS-Agreement Partner Selection》中，详细描述了用 WSDL-S 作为服务描述的上位本体，用 WS-Agreement 描述的服务的 QoS，并如何将这些描述转换为 ARL 语言，使用 IBM ABLE 推理机进行服务匹配的过程。

ESSI（Europe Semantic System Initiative）是欧洲研究语义 Web 服务的组织，该组织联合了 50 个有名的学术机构与工业团体研究语义 Web 服务的相关标准，并努力促成这些标准的国际化和实用化。它们推出的 WSMO（Web Service Modeling Ontology），WSML（Web Service Modeling Language）和 WSMX（Web Service Modeling eXecution environment）是该组织推出的三个语义 Web 服务标准。WSMO 使用本体来描述 Web 服务的语义，WSML 是基于 WSMO 的服务描述语言。WSMX 主要讨论基于 WSMO 的原型系统和应用系统。

WSMO 主要由以下 4 种元素组成：

Ontology：定义概念以及关系；

Goals：定义请求方语义；

Web 服务：定义 Web 服务语义；

Mediator：是以上三方之间的语义转换器，解决异构参与者的合作问题。

WSMO 与 OWL-S 的主要区别在于：

● 使用不同的上位本体描述发布的服务和需求的服务的语义。

● 使用非功能的属性，并且非功能的属性用一套标准的词汇来表示。

● 使用 Mediator 来实现不同本体，不同参数之间转换。

WSMO 中的一些规范和细节目前还在制订完善当中。

马里兰大学的 Evren Sirin 开发和优化了描述逻辑推理机 Pellet；然后将其与规划工具 HTN 结合，用于 Web 服务的匹配与组合。

澳大利亚新南威尔士大学 UNSW 的 MKBEEM 项目主要

从逻辑的角度研究语义 Web 服务 的匹配和组合问题，开发了基于描述逻辑的推理算法 computerBCov，该算法中定义了最佳覆盖服务集合，并根据该定义，求与目标输入输出的最佳匹配服务。

国内开展语义 Web 服务研究，并取得一些成果的单位包括清华大学、浙江大学、国防科技大学、中科院计算机所等单位。主要成果有浙江大学的基于词汇相似度的匹配算法，国防科技大学的基于服务质量和相似度的匹配算法，中科院计算所智能信息处理实验室开发的多主体环境下的语义 Web 服务组合研究，中科院计算所网格与服务计算研究中心承担的国家自然科学基金项目"适于最终用户编程的服务虚拟化及探索式服务组合机制研究"，研究了服务计算环境下的最终用户编程语言 VINCA，服务的个性化推荐等内容，并应用在"FLAME2008—奥运综合信息服务系统"中。清华大学的 SEWSIP 项目是清华大学计算机系知识工程研究室（KEG）正在致力研究与开发的一个基于语义的 Web 服务集成平台。该项目在 Peer-to-Peer 的网络模式之上，希望借助于本体概念的表示与推理实现 Web 服务的语义标注、服务分类、服务发现、服务评价、服务选取以及服务组装的半自动化。

### 4.3.2.2 语义 Web 服务匹配方法

语义 Web 服务匹配主要包括服务的功能匹配和质量匹配，目前语义 Web 服务功能匹配算法的研究主要基于以下两类方法：

通过计算描述服务的领域本体的概念之间匹配程度来判断服务的匹配程度，将服务匹配问题转换为本体概念之间相似度计算问题或本体概念匹配程度的计算问题。这类方法往往给出单个原子服务与目标服务之间的匹配程度，这类方法的主要代表是卡内基梅隆大学的分类树匹配算法，也称 OWL-S/UDDI 算法，该方法利用分类树中概念的包含关系来计算服务的匹配程度，给出了服务四种不同的语义匹配程度。浙江大学的语义网格组定义了分类树上概念的相似度来计算服务的匹配程度，给出了服务的精确匹配算法。清华大学的相似度匹配考虑了本体上概念的包含关系和其他二元关系对相似度的影响，给出了服务的精确匹配算法。

将 OWL-S 语言或 WSDL-S 等上层语言描述的服务转换成这些语言的下层逻辑语言描述的服务，再利用逻辑推理机的推理功能来获取与目标服务相匹配的服务组合。这种方法不但可以给出与目标服务匹配的单个服务，也可以给出与目标服务匹配的服务组合。

在此两类方法中，第一类方法的查准率和查全率较低，但查询效率较高；而第二类方法则恰恰相反，与第一类方法相比，它的查准率和查全率高，但效率很低。由于逻辑推理的类方法的查询效率较低，这种基于逻辑推理的方法往往和人工智能的规划算法相结合以提高服务的查询效率。

### 4.3.2.3 语义 Web 服务匹配研究中的关键问题

综上所述，近年来国内外对语义 Web 服务匹配的研究主要集中在：

（1）服务的语义描述语言的研究，从第一个语义 Web 服务描述语言 DAML-S 推出以来，语义 Web 服务的很多研究都围绕语义 Web 服务描述展开。目前，比较有影响的描述语言和模型有 OWL-S，WSMO，WSDL-S 等。本文的第二章对它们作了比较详细的介绍和比较，并提出了基于语境的服务描述。

（2）语义通过什么方式加入服务的表达中，即语义描述怎样同现有 Web 服务技术和知识表示方法结合。目前的方法主要是将领域本体与服务描述的上位本体相结合来描述服务，将领域本体中的语义信息添加到服务的描述中，用领域本体的概念，实例属性来表达上位本体中定义的服务各功能参数，使机器能够理解和推理参数所表达的语义。

（3）如何充分利用服务表达中的语义来进行服务匹配，即服务匹配算法。

语义 Web 服务匹配的研究目标是采用适当的语义描述语言对 Web 服务进行语义描述，在语义描述的基础上研究服务匹配框架和流程，分析服务匹配过程中的关键问题和难点，提出有效的服务匹配算法，提高服务发现的准确性和效率。

## 4.4　基于 BPEL4WS 的 Web 服务组合

用于 Web 服务的业务流程执行语言（Business Process Execution Language for Web Services，BPEL4WS）规范支持服务组合。它使开发人员能够为共同实现一个共享的解决方案的一组 Web 服务定义结构和行为。这组服务中的每个元素都用 WSDL 和 WS-Policy 定义自己的接口。组合的解决方案本身就是 Web 服务，它支持 HTTP/SOAP 消息并且使用 WSDL 和 WS-Policy。

　　组合有三方面：　结构、信息和行为。BPEL4WS 引入了三种结构来支持每个组合方面。

　　PartnerLink 定义了参与整个解决方案的组合服务和 Web 服务之间命名的关联性。组合服务和参与服务使用 WSDL 和 WS-Policy 定义了它们彼此的接口。制造企业和供应商之间的关联可能就是一个例子。组合服务和合作伙伴之间的 PartnerLink 概念和 WSDL/WS-Policy 接口定义了服务组合的结构。它们定义协作构成组合的服务的类型以及它们与哪些级别的保证（安全性、事务处理等）交换哪些信息。

　　BPEL4WS 还为定义服务组合的信息提供了支持。BPEL4WS 定义了容器的概念。组合服务定义了一组容器，其中的每个容器都有一个 XSD 定义。特定服务的当前状态就是它的容器的状态。这定义了它已经接收或发送了什么消息。

　　最后，BPEL4WS 通过活动（activity）的概念定义了组和服务的行为。BPEL4WS 定义的服务是一组活动或"步骤"，它们定义了服务的行为。最基本的活动是把消息发送到合作伙伴或从合作伙伴接收消息。每个消息对应一个容器。BPEL4WS 为在容器之间传送数据提供了支持。

　　BPEL4WS 活动的一个关键方面是，通过控制使用不确定行为，BPEL4WS 为定义服务外部可见的（公共）的行为提供了支持。例如，在接受购买订单（PO）的决策流程中以特定方式进行信用检查的事件可能是供应商的私有事务。BPEL4WS 允许隐藏决策流程，为此，可以将信用检查行为从流程描述中除去，而只是显示，购买订单的响应可能是接收，也可能是拒绝。这种类型的 抽象（abstract）流程可以与 WSDL 一起使用，以支持业务合作伙伴之间或垂直行业领域（比如供应链）的互操作业务协议。

此外，BPEL4WS 还支持几种控制活动的执行流的方法。这些方法包括顺序流和基于图形的流。BPEL4WS 支持容器上的谓词，以确定组合服务遵循哪些控制路径。总之，BPEL4WS 对以前定义的 Web 服务规范进行了两项补充。

BPEL4WS 扩展了描述服务的 WSDL 和 WS-Policy 支持。BPEL4WS 支持把 Web 服务组合成聚合服务，文档化服务之间的关联，比如信息流和行为。这为支持协作设计 Web 服务的更高层工具之间的互操作性提供了支持。BPEL4WS 是执行语言。BPEL4WS 允许开发人员完全指定组合的 Web 服务的行为。IBM、Microsoft 和其他合作伙伴将提供环境来执行 BPEL4WS 文档和支持合作伙伴的设计和运行时绑定。

★　本章小结

随着 Web 服务的相关标准的持续改进和完善，越来越多的企业都将其业务功能和流程封装成标准的 Web 服务发布出去，为基于 Internet 的应用开发提供了丰富的资源。而这些 Web 服务又大都是构建在面向服务架构基础之上，进而可以根据环境的变化快速调整应用，以适应业务的需要。但传统的 Web 服务协议栈没有为服务的发现、组合和执行提供通用的机制，因而无法支持 Web 之间的动态交互和组合。而语义 Web 和 Web 服务的集合使这一问题的解决成为可能。而本章正是因为这个原因对语义 Web 服务组合进行了详细的阐述。

# 习　题

1.选择题

（1）自从 2002 年 W3C 提出语义 Web 服务描述语言 DAML-S 以来，各种语义 Web 服务描述语言相继而出，下面不是这之中的是:(　)

A. WSMO　　　　B. WSBL

C. WSML　　　　D. SWSA/SWSL

（2）Service profile 描述信息中不包含: (　)

A. 服务提供者的白页和黄页信息。比如服务提供者的联系方式。

B. 服务的功能信息

C. 提供服务的所属的分类

D. 服务如何工作

（3）下面的描述中属于使用 Web 服务构造应用时所包括的活动是:(　)

A. Web 服务发布　　B. Web 服务发现

C. Web 服务撤销　　D. Web 服务调用

2.填空题

（1）语义 Web 服务研究的主要内容就是 Web 服务的_____。具体来说，它包括自动的 Web 服务_____、_____、_____及互操作和执行监控。

（2）语义 Web 服务是_____和_____的结合，可为 Web 服务的发现、执行、解释和组合的自动化提供有效的支持。

（3）WSMO 的最大特点是引入_____解决_____，也就是当 WSMO 的 Service 和 Goal 使用不同本体时，Meditor 负责不同本体之间的映射关系。

（4）在 Web 服务构造即时应用的过程中，研究者关注的比较关键的三个环节是服务的_____、服务的_____和服务的_____。

（5）组合有三个方面：_____、_____和_____。BPEL4WS 引入了三种结构来支持每个组合方面。

3.简答题

（1）比较三种主要的语义 Web 服务描述语言的异同。

（2）OWL-S 主要由哪几部分组成？每一部分都可以完成什么样的功能？

（3）简述使用 Web 服务构造应用的过程。

（4）说明基于关键词匹配的 Web 服务的主要缺陷。

# 第 5 章　数 据 中 心

**本章重点**

- 数据中心的设计规划、上线过程、管理和维护方法
- 数据中心的成本与能耗分析
- 新一代数据中心的规划和评价指标

## 5.1　数据中心概述

数据中心是云计算的基本载体，云计算的计算任务、服务交互都是在特定的数据中心内部处理与完成的。随着云计算的发展，面向云计算的数据中心呈现出规模化、虚拟化、绿色化等新特点，下面将学习数据中心的相关知识。

### 5.1.1　数据中心的基本概念

传统的数据中心主要是面向企业信息系统，通过电力、制冷和网络布线等基础环境建立起来的专用计算机房。随着互联网的飞速发展与普及，出现了为互联网企业提供服务器管理与维护、数据处理、互联网接入等相关软硬件服务的互联网数据中心。面向云计算的数据中心主要是指 IDC，相比较传统的数据中心，IDC

拥有更加完善的计算环境和基础设施，强调电力、制冷、网络、维护的可靠性，具有提供更广泛的客户服务的能力。

IDC 通常位于一个物理建筑物内，以数据库服务器、Web 服务器和高性能计算服务器等关键服务设备，依托网络互联系统、供电系统、制冷系统、机柜系统、消防系统和监控系统等物理基础设备，面向特定的数据和服务需求，以企业信息系统为核心，按照统一的规范和标准，对海量数据进行集中处理、存储、传输、交换和管理，并利用网络向企业或公众提供信息服务。

IDC 主要由基础设施、计算设备和企业信息系统构成。其中，基础设施是保证计算设备正常和安全运行的必要基础，包括建筑物、供电设备、温度调节设备和监控设备等；计算设备是企业信息系统的支撑平台，包括服务器、存储设备、网络设备和通信设备等；企业信息系统是指面向企业特定应用、提供数据处理和服务的软件系统。其中，基础设施和计算设备为企业信息系统提供部署、运行、管理和监控环境，而企业信息系统提供的数据处理和服务的有效性、高效性和准确性则依赖于基础设施和计算设备的处理能力。

## 5.1.2 数据中心的发展过程

数据中心的根源可以追溯到 20 世纪 50 年代的大型计算机机房。当时的计算机主要用于国防和军事中的科学计算，由众多的晶体管、电子管和电缆线路连接而成，体积非常庞大，需要占用大面积的存放空间；同时，计算机设备的运行和维护都需要消耗相当大的电力资源，释放大量的热量，保证计算机设备能够正常运行，需要在机房中安装特定的冷却系统，有效解决计算机设备的散热问题。此外，由于计算机主要用于军事目的或重要的科研领域，计算机设备的安全性需要重点考虑。以上因素都是建立专用的计算机机房的必要条件，也是早期数据中心的雏形。

20 世纪 80 年代，出现了大规模集成电路，计算机价格迅速下降，性能也飞速提升，计算机向微型机的方向不断演进，大量个人计算机被部署到世界各个角落，计算机的发展由集中走向分布。个人计算机可以完成多种计算任务，小型机房得到了快速的发展。然而，小型机房中计算机设备的运行于维护变得越来越复杂，数据丢失、数据不一致的现象经常发生，为此，企业开始逐步意识到需要对计算机资源进行科学和合理的布置。

随着 20 世纪 90 年代客户端/服务器计算模式的普及，通过网络设备和网络布线，人们开始采用分层设计方法，将计算机设备中的服务器单独放在专门的数据中心房间中。用户通过安装客户端软件，借助互联网或局域网与数据中心的服务器进行交互，实现计算请求发送和处理结果接收，数据中心的发展又从分布逐渐走向了集中。在这个阶段，数据中心的发展进入了飞速发展的时期，政府机构和大型企业纷纷构建自己的数据中心，提供协同办公、客户关系管理等信息服务系统以支持决策分析和业务发展。

这种计算模式要求数据中心具有快速可靠的网络连接和各方面都完备的基础设施，并且在物理空间和设计标准等方面都配置严格的规范，对各种相关设备也提出了较高的要求，如冗余光纤、电源和紧急备用发电机等，从而使得数据中心成本非常高。为此，该阶段的数据中心都普遍采用了大量新技术和行业规范，提供优化的数据与服务提供能力。在 21 世纪初，数据中心的设计、建造和运维已经形成了非常规范规程，数据中心的相关运行指标也被开发出来。截至 2008 年，随着互联网、企业信息化建设和电子商务的蓬勃发展，数据中心进入了快速发展的时期，此时的数据中心统称为互联网数据中心 IDC。

　　企业在构建数据中心时，主要目标是为了满足信息化建设中的数据存储、数据处理和信息服务的需求，为业务发展提供可靠性高、性能优和扩展性良好的基础设施及软件支撑平台。然而，目前，企业也更加注重绿色、节能和低碳的理念，倡导"新一代的绿色数据中心"，利用自动化的管理模式和虚拟化技术，对存储资源和计算资源进行虚拟化和有效整合，并通过先进的能源利用技术，解决数据中心日益突出的管理复杂、能耗严重、成本增加及信息安全等方面的挑战，实现高效、节能、环保、易于管理的新一代数据中心。

## 5.1.3 数据中心的冗余等级

　　数据中心是为企业提供业务数据存储、计算、传输和发布服务的，安全性和可靠性是必须考虑的两个重要因素，涉及物理空间、电源保证、网络连接、冷却设备和认证系统等。然而，无论如何进行规划、建设、运行和维护，数据中心无法达到完全持续的正常运行，难免会出现中断或故障。为此，需要通过创建冗余系统来减少中断时间，并尽可能避免发生单点故障。

　　业界普遍采用冗余等级划分方法对数据中心的可靠性、安全性和整体性能进行划分和评估，美国的数据中心研究机构正常运行时间协会(Uptime Institute)提出的冗余等级划分体系目前已经被广泛采用，成为数据中心设计和规划数据中心时的重要参考依据。该体系将数据中心归纳为 4 个冗余等级，处于高等级的基础设施不容易发生中断或者故障。

第 1 级：无冗余。该级数据中心只设有 1 个供电接口、1 条通信链路和 1 套散热空调系统。数据中心每年都需要停机进行维护，通常能够达到 99.7% 的不停断运行时间，即每年至少有 30 小时的中断运行时间。

第 2 级：冗余设备级。该级数据中心能够获得较第 1 级数据中心高要求的设计正常运行时间。为此，针对多项基础设施，引入了相关的冗余设备，包括第 2 条通信通道、UPS 与后备发电机和第 2 套散热空调系统。该级数据中心同样需要每年停机 1 次进行维护，通常能够达到 99.8% 的不停断运行时间，即每年中断时间低于 23 小时。

第 3 级：可并行维护级。该级数据中心能够在各种主机正常工作的情况下也可对数据中心进行维护和操作，即任何主要基础设施的停机都不会引起数据中心的运行中断。为此，针对通信、电气、散热等方面设置了冗余的设备组件。该级数据中心能够达到 99.98% 的不停断运行时间，即每年中断时间低于 1.75 小时。

第 4 级：容错级。通过设置多设备冗余机制和不同路由的冗余数据与电力线路，该级数据中心能够在任何基础设施有计划的停机状态时，具有正常运行的高容错性，还具备对至少一种计划外事件的抵御风险的能力。该级数据中心能够达到 99.995% 的不停断运行时间，只有在计划中的紧急停电情况下才会发生中断运行，每年的中断时间不超过 30 分钟。

由此可见，随着冗余等级的提高，数据中心具有更强的可靠性、安全性和可用性。目前，规划中的数据中心或者在进行升级改造的数据中心都力争达到第 4 级的要求。面向云计算的数据中心更是按照第 4 级标准进行规划和建设。

## 5.2 数据中心规划与设计

　　数据中心的规划与设计是一项复杂的系统工程，需要各方面的人员进行相互协作，共同完成总体设计、基础设施的设计和构建等过程。

### 5.2.1 总体规划与设计

　　数据中心是一个整体的机房环境，需要配备高速的网络连接，高新能、稳定的服务器和存储系统，并具有完备的安全体系、电力设施、环境调节设备和消防等辅助设施。

　　数据中心的规划与设计类似于软件工程，是一个复杂迭代的系统工程，是构建数据中心的关键一步，决定了建成后数据中心的运行和维护质量。为此，需要在成本预算数额下，对多方面因素进行综合考虑，不断进行协商与平衡，如在有限的预算范围内，达到最优的数据中心运行性能。还需要考虑可扩展性，满足企业将来不断增长的业务需要。

　　20 世纪 60 年代初，数据中心的设计与研究人员通过对各类行业数据中心构建过程中总结的经验，从提高数据中心的管理效率和整体运行性能等方面，制订了多个数据中心规划与建设标准，如我国的《电子信息系统机房设计规范》和美国的《数据中心电信基础设施标准》，通过参照这些标准，能够为数据中心规划设计中涉及的建筑物、电气、散热等基础设施提供了基本的设计依据。

通常，为了保证数据中心的规划与设计具有清晰、高效的效果，需要遵循 5 个核心理念：灵活、可扩展、模块化、标准化和经济。灵活性使得数据中心能不断适应新的需求；可扩展的理念保证数据中心的基础设施和相关设备能够随着业务的增长而易于完善和优化；模块化可以是将复杂的数据中心设计过程分解为若干个易于管理的子任务；标准化采用先进的技术标准和设计规范，保证数据中心能够随时适应信息技术的发展趋势；经济性要求使用性价比较高的设备，易于系统升级改造。

## 5.2.2 基础设施设计

数据中心基础设施设计的首要问题是选址。除了综合考虑企业规模、发展战略、成本和安全等因素外，还需要重点考虑网络通信、电力环境和地理位置三个核心问题。网络通信决定了数据的远距离、高带宽传递问题；电力环境必须能够为数据中心所在的建筑物和计算设备提供充足、稳定、低廉的电力供应，为了满足数据中心高可靠性和安全性要求，在选择规划位置时，尽量远离核电站、通信基站、军事目标和自然灾害频发的地带。

针对数据中心的建筑物设计，根据数据中心的规模，考虑面积、布局、高度和地面的承重能力等，而规模取决于企业的需求和预算，涉及服务器、计算设备和电力设备的数量以及将来企业的预期发展前景，所以，建筑物可以是一个房间、一层楼或是整幢楼房。

数据中心具有密集的服务器、大型机柜、网络设备和后备供电系统，重量远远大于普通的家具和办公设备，因此在设计建筑的承重能力时需要有别于普通建筑。数据中心建筑物房间净高也是要考虑的一个重要因素。该因素需要按照数据中心的下进线方式，对地板铺设和安装吊顶进行考虑。通常，数据中心的地板下方要设计走线槽和通风通道，地板净高至少需要 0.3 米；屋顶要预留照明灯具和消防通路，数据中心的房间净高度最好达到 3.5 米及以上。此外，数据中心的布局也要考虑，良好的布局能够提高制冷效率，降低制冷成本，如隔间大小、分布、面积等以及配线间设置、服务器特定存放区和管理员房间等。

### 5.2.3 基础设施建设

电力系统、网络连接和环境控制系统是数据中心建设的三个关键部分。其中，电力系统是数据中心设备运行的动力；网络连接保证服务器、数据存储和外部环境的互联和访问；环境控制系统为数据中心的运行提供适宜的温度和湿度。这三者之间具有紧密的关联性：服务器的数量直接影响所消耗的电量，服务器越多，需要借助更多更复杂的网络互联设施，产生的热量会随之增长，散热设备的数量和功率同样需要增加。

（1）电力系统。现代的数据中心中都包括大量的计算设备和服务器，这种供电场所要求电力系统必须在所有时间有效，并且易扩容和维护、容错力强、性价比较高；还要考虑数据中心的电力负荷极限值、供电公司的电力设施布局。除了设备运行用电之外，数据中心内的照明、消防应急、制冷设备和冗余设备用电规模都需要进行考虑。

（2）网络连接。网络连接设施的建设与电力系统类似，涉及网络供应商选择和网络拓扑设计。针对网络供应商，需要围绕企业数据中心的应用需求，比较多家网络供应商的服务质量，择优选择；一般数据中心的网络拓扑结构包含 3 级：由网络供应商连接到数据中心的核心交换机；二级交换机向上连接到核心交换机，向下与数据中心的机架互联；机架服务器与二级交换机的连接。

（3）环境控制系统。数据中心的运行需要一个适宜的运行环境，包括温度、湿度及灰尘的控制，环境控制系统的设计需要依据计算设备的规模、类型和数量。温度控制主要通过制冷机制解决数据中心散热问题。目前，数据中心通常采用三种制冷方式：风冷、水冷和空气—水热交换制冷。风冷包含热通道设计和冷通道设计两个关键环节，风冷的局限性是其制冷能力有限，所以机架内服务器的密度不能太大，但可以结合空气—水交换制冷方式同时使用。随着绿色数据中心的推广，节能已经成为数据中心设计的一个重要目标，在节能和制冷效果方面都具有明显的优势。

## 5.3 数据中心上线

数据中心上线包括：服务器选型、软件部署、系统配置三个步骤。

### 5.3.1 服务器选型

服务器选型时，首先围绕企业未来发展需求，从性能、扩展性、可用性、可靠性和安全性五个方面考虑，然后，兼顾价格、售后服务等因素；考虑到服务器是数据中心主要的耗电设备，省电与节能也是一个需要考虑的重要经济因素。数据中心的核心服务器应该具备持续支持能力、在线维护能力、故障恢复和安全保护能力、远程监控能力，能够实现托管服务、网络安全、Internet

连接、内容交换、内容传送、后台连接和网络管理等方面的核心计算任务。

服务器选型具体从数据中心应用效果和服务器型号两方面进行考虑。应用效果主要围绕以下三方面：

（1）提高管理效率。随着客户的增加，数据中心托管的服务器越来越多，为了提高管理效率，降低运营成本，需要选择合理的服务器型号，规划科学的服务器拓扑结构。

（2）具备强大的安全机制。服务器应当具备强大的安全保障机制，能够对内部用户进行有效的安全管理，并保护企业客户的保密信息。

（3）支持多种业务。服务器能够应能支持多种业务需求，能够有效部署和发布 Web 服务。

针对数据中心服务器型号，具体包括 3 中类型：塔式、机架式和刀片式。

（1）塔式服务器。与个人计算机相比，塔式服务器主板具有较多的接口和插槽，扩展性较强。由于塔式服务器成本较低，并且能够灵活定制，基本可以满足低配置的数据中心服务器的需求，在中小型企业中得到了广泛的应用。

（2）机架式服务器。机架式服务器采用统一的布置结构，不仅简化了数据中心的布线和管理，而且与其他网络设备能够有效互联。机架式服务器采用统一的体积标准：宽度为 19 英寸，高度为 1U~7U 之间，其中，1U=1.75 英寸。

（3）刀片服务器。刀片服务器通常应用于大型企业或者行业的数据中心。多个刀片服务器连接可以构成一个集群服务器，能够借助机架网络环境，共享其他刀片服务器和计算存储资源，以及光驱、显示器和制冷装置等设备。因此，相比较机架式服务器，刀片服务器更加节省空间，有效降低了预算成本。由于刀片服务器支持热插拔，这大大降低了系统维护的成本，并且在管理、扩展性方面拥有突出的优势，已经成为目前数据中心服务器的主流产品。

### 5.3.2 软件部署

除了企业应用软件，数据中心的包括操作系统和监控管理软件。

（1）操作系统。根据数据中心业务和数据处理需求，选择适合的操作系统。数据中心服务器操作系统主要有 3 大类：Windows、Unix 和 Linux。

① Windows 操作系统。Windows 由微软公司开发，适用于服务器的有 Windows Server 2003 和 Windows Server 2008 等。

② Unix 操作系统。Unix 是一种可靠性和安全性高的多用户、多任务、分时操作系统，能够满足各类行业数据中心的应用需求，是主流的数据中心操作系统。目前，多个研究机构在最初 Unix 内核基础上进行了针对性的改进，衍生出了若干个 Unix 变种版本，如 AIX 和 Solaris 等。

③ Linux 操作系统。Linux 是一套开源的类 Unix 系统，由世界范围内的程序员在 x86 框架上进行设计，实现了 Unix 系统的主要特性，可以免费使用和自由传播。Linux 发行版较多，流行的主要有 Suse、Ubuntu 和 Redhat 等。

以上操作系统都可以设置为三种服务器类型：Http 服务器、Web 服务器和数据库服务器。Http 服务器主要有 IBM 公司的 WebSphere 和 Apache；Web 服务器有 Tomcat、数据库服务器有 DB2、Oracle、SQL Server 和 MySQL 等。

　　数据中心的监控管理软件涉及系统部署、网络、中间件及应用监控等，主流的产品如 IBM 的 Tivoli 系列和 Cisco 的网络管理软件。

### 5.3.3　系统配置

　　系统配置主要包括设备安装、网络环境配置、软件安装、系统测试四个阶段。设备安装是按照机架结构将各种计算设备、网络连接设备和服务器进行摆放；网络环境配置是将组装后的机架环境进行网络互联；软件安装是将选定的操作系统和与应用相关的软件进行安装；最后进行系统整体试运行和测试。系统测试时，需要根据数据中心应用要求和服务类型，参照软件与硬件的匹配设置参数，依照数据中心设计阶段的文档条目，在最大限度满足系统整体要求并充分发挥硬件和软件性能条件下，进行案例式的联合测试，具体验证软件是否运行正常、网络带宽是否足够，数据计算和服务性能是否达到预期指标等。

## 5.4　数据中心管理和维护

　　数据中心的管理和维护主要包括硬件管理、软件管理、系统管理、数据库管理和网络管理等工作，本节主要介绍硬件和软件管理与维护的主要工作。

### 5.4.1　硬件管理和维护

　　数据中心的硬件包括计算机主机、外围设备、网络通信设备、环境调节设施等。为了保证数据中心安全、可靠和稳定的运行，需要各种相关硬件设备始终处于正常状态，为此，根据数据中心规模，合理配备管理人员，负责硬件设备的运行、管理与维护工作。针对大规模数据中心，通常安排较多的专职人员负责；而对于小型数据中心，可以适当减少人员或者一人负责多个管理角色。具体工作包括：

硬件日常检查与维护，减少硬件的故障率，保证系统处于正常状态。对每天的检查情况进行记录，以日志的形式存档，一旦发现故障问题，及时进行处理，为此，在配置硬件时，一方面尽可能选购高质量的设备，另一方面需要建立完善的故障处理机制。小故障通常由配备的硬件维护人员负责，较大故障应及时与硬件供应商或服务商联系，共同解决。

在设备更新、扩充或者修复后，由数据中心管理员、硬件维护员和软件维护人员共同负责系统调试，直至设备运行正常。

完成系统环境变化时的数据中心适应性维护工作。当升级或者更换部件时，不但要考虑服务器内各种部件的兼容性，还要协调这些部件的性能，消除性能瓶颈。服务器的 CPU 频率、内存大小、磁盘容量、I/O 性能、网络带宽和电源供给能力等要达到均衡和协调，才能避免浪费并且使系统整体性能达到最优。在选取组件时，应尽量选取同一品牌和型号的组件，这样做一方面可以提高不同服务器组件之间的可替换性和兼容性，另一方面可以减少由于组件型号不同而对系统性能产生的影响。

### 5.4.2 软件管理和维护

如上所述，数据中心软件主要包括操作系统和监控管理软件；另外，还包括一些辅助软件，如业务应用软件和中间件平台等。软件的管理主要有安装、升级和安全性管理等过程。

（1）操作系统安装。具有系统安装文件安装和克隆安装两种方式。前者的优点是支持多种数据中心安装环境和服务器类型；缺点是安装过程需要人工进行干预，不仅容易出错，而且安装效率较低。克隆安装方式可以有效避免以上缺点：对同一种类型服务器，该方式能够减少人为因素导致的配置差异，提高安装和配置效率。

（2）操作系统升级。该过程是一个具有严格步骤的规范流程，包括补丁下载、安装、测试、验证、分发和安装。其中，补丁的分发有2种方式："推方式"，即由数据中心核心服务器将软件包分发到目标机器上，再利用远程命令完成安装；第2种为"拉方式"，是在目标机器上安装一个代理中间件，定时从核心服务器上获取更新信息。

（3）安全性维护。维护措施包括安装补丁、设置防火墙、安装杀毒软件、设置账号密码保护和检测系统日志等。

### 5.4.3 数据管理和维护

数据是数据中心的核心资源，数据中通常涉及商业机密和客户信息；并且，随着企业信息化建设和数据中心的飞速发展，数据量呈指数数量级的增长,给数据管理与维护带来了更大的挑战。为此，需要对数据进行诸如数据安全、有效性、正确性和可用性等多方面的管理和维护，具体包括备份与恢复、数据整合、存档和数据挖掘等。

（1）数据备份。确保数据安全最有效的方法是进行数据备份和恢复，即使在灾难发生后，也能快速地恢复数据。数据备份是指创建数据的副本，在系统失效或数据丢失时，利用数据副本能够恢复原有数据。数据备份类型包括四种：操作系统备份、文件系统备份、应用系统备份、数据库备份等。其中，数据库备份应用最为广泛，目前主流的关系数据库系统都支持多种灵活的数据备份策略，例如，数据库管理员可进行定时备份和事件触发式备份。需要注意的是，为了进一步保证数据安全，备份数据应当分别保存在和原数据不同的存储介质中，避免介质损坏。

（2）数据整合。数据整合式是在两种不同格式之间转换数据，以此屏蔽异构差异、实现数据共享和消除冗余数据。由于历史原因，某些企业开发了多个应用信息系统，分别面向不同的应用领域和功能需求，并且，在一定程度上又具有比较复杂的关联关系。为了更加有效地利用这些数据资源，需要进行数据整合。数据整合包括：数据归档，即将长期不用的数据提取出来保存转存到其他数据库中，归档的数据库也被称为数据仓库，可以为企业经营决策提供数据依据。保存在数据仓库中的数据一般只能被添加和查找，不能被修改和删除；数据挖掘，是利用挖掘算法，从归档数据库中搜索有价值的数据，为企业决策分析提供数据支持。

### 5.4.4 安全管理

数据中心的安全管理包括物理安全管理和系统安全管理。

（1）物理安全。针对物理安全，数据中心需要配备完善的安保系统，实现 24 小时实时监控，管理人员和授权用户可以随时随地接入系统，并借助监控录像和报警系统，严格控制人员出入，并对一切异常情况进行实时报警。对人员出入控制、距离定位和联网报警功能。

（2）系统安全。系统安全是防止恶意用户攻击。系统攻击主要包括拒绝服务攻击、盗取机密数据和修改服务器网页等。为了有效防止此类攻击，需要制定以下安全措施：

①账号和密码设置。账号和密码是服务器安全的最重要的防范措施，密码最好是数字、字母和符号的混合，以及大小写字母的混合，不能设置涉及姓名、生日等安全性低、容易破译的密码，并且要不定期地进行密码更新。

②设置安全防御系统。防御系统主要是指防火墙和入侵检测系统。防火墙能够防止黑客的非法访问和流量攻击，将恶意的网络连接挡在防火墙之外。入侵检测系统可以监视服务器的出入口，通过与常见的黑客攻击模式匹配，识别并过滤入侵性质的访问。

③及时进行系统升级。数据中心往往存在许多安全漏洞，一旦被黑客发现并利用，会进行恶意攻击。为此，数据中心软件系统需要及时进行系统安全升级。

④保留服务器的日志。数据中心安全管理员能够利用日志数据，对恶意攻击的系统漏洞木马程序进行便快速定位，从而及时发现问题和解决问题。

## 5.5 新一代数据中心

新一代数据中心通常是指利用虚拟化、资源整合和安全保证等技术，解决传统数据中心普遍存在的高成本、资源管理复杂、安全措施低效和绿色环保等方面的问题，能够与企业未来业务发展相适应的下一代数据中心。新一代数据中心具备良好的可管理性、安全可靠、资源整合、可伸缩性、绿色节能和超大规模等关键特征。

### 5.5.1 可管理性

数据中心的可管理性是指一个数据中心能够很好地满足系统管理的相关需求，具体包括：完备性保障、远程管理、集中控制、快速响应和可追踪性。

（1）完备性保障。是指能够提供完善的管理功能集合，包括多种类型的软件和硬件设备。每个设备需要提供全面的管理支持。

（2）远程管理。是指在数据中心的远程控制台上，直接利用网络连接对设备进行远程控制和管理。

（3）集中控制。是指将多个设备管理功能进行集中控制，管理员只需要通过少数指令就可以完成对多个设备的协调控制，极大地简化了管理员的管理流程。

（4）快速响应。能够保证由系统管理员发出的指令快速被执行。

（5）可追踪性。通过日志记录功能，使得有关数据中心的管理操作记录在案，作为故障诊断和安全管理的依据。

### 5.5.2 安全可靠性

安全可靠性取决于数据中心设备自身的可靠性及设备之间的关联关系。设备之间的关联关系包括串联、并联、K/N 表决系统和混合连接。不同的关联方式具有不同的安全可靠性，复杂的数据中心通常采用以上几种方式的组合连接。

### 5.5.3 资源整合

不论中小型的数据中心，还是大型的数据中心，随着服务器、计算和存储设备的不断增加，并利用主机、存储和网络虚拟化技术，构成了可靠高效的数据和服务资源池，进一步实现了各种资源的弹性部署和整合与复用，极大地提高了数据中心业务的可靠性，降低了业务成本。

### 5.5.4 可伸缩性

新一代数据中心的可伸缩性是指具有及时、适量和细粒度和自动化的数据处理和服务能力。及时是指一旦发出指令后能在较短时间内完成处理；适量和细粒度是指在按需分配资源的同时，能够以处理器、内存、磁盘为单位分配资源，而不是以物理服务器为单位；自动化是指在独立的控制台上，能够利用简单便捷的操作，实现数据处理和信息服务。

### 5.5.5 超大规模

超大规模已经成为新一代数据中心的主要特征，目前全球在建的云计算数据中心都是大型数据中心。超大规模是指数据中心的面积、装机容量、业务能力等指标，如谷歌在达拉斯建立了规模庞大，性能优良的数据中心，包括四个装备有巨大空调设施的仓库内，布置了数万台的各种服务器，每天能够处理海量的谷歌网站传递的庞大信息。

## 5.6 数据中心成本和能耗分析

### 5.6.1 成本分析

数据中心的成本包括一次性成本和运营成本。前者主要包括建筑成本、计算设备、服务器和其他辅助设备采购成本；后者主要包括电力消耗和管理维护成本。

随着 IT 产业的飞速发展，个人计算机逐渐成为了廉价设备，电力消耗和管理维护的成本占数据中心总成本的比例越来越高。如何降低服务器的采购成本则成了一个重要的问题，需要合理规划服务器的更新周期，并结合业务需求，尽可能保证服务器的高利用率。同时，还需要考虑维护成本。例如，当数据中心规模较小时，少数管理员即可承担管理维护任务，对管理维护水平的要求也相对较低。随着数据中心规模的增大，可以利用专业的数据中心管理软件、工具和科学有效的方法，大幅提升管理效率，降低维护成本。

### 5.6.2 能耗分析

随着企业对数据中心基础设施不断投入，数据中心各种设备和服务器的能耗也随之增加，通过节能减少开支，构建绿色数据中心成为一种趋势。数据中心通过减少能耗实现减少碳排放量。

电能利用率数据中心能耗分析时采用的一个重要指标。电能利用率是总能耗与设备能耗的比值，是一个大于 1.0 的数值。该值越接近于 1，说明设备的能耗越小，效率也就越高。因此，降低数据中心的总能耗，可以从降低计算和服务器设备能耗和降低电能利用率值两方面入手。

（1）降低计算和服务器设备能耗。众所周知，刀片服务器是当前数据中心服务器发展的主流趋势，刀片服务器体积小，能够共用一个系统插板、电源、风扇、网络端口和其他外部设备，这种共享方式使得单个刀片服务器的能耗大大降低，同时，服务器电源的工作效率也得到提升。为此，改用刀片服务器是降低设备能耗的有效方法。提高服务器资源利用率也是一种普遍采用的降低能耗的方法。

（2）降低电能利用率。通常的方法包括数据中心选址、合理设定服务器间隔和空调温度和集中冷却等。由于空调能耗与室外温度密切相关，所以，针对数据中心选址，可以建立在温度较低的地区，从而能够有效减少制冷系统的能耗；合理设定服务器间隔和空调温度也能够降低电能利用率，主要原因在于：服务器太密集非常不利于通风散热，而服务器距离太宽松，反而会增加数据中心面积，影响制冷效果；设定空调温度的原则是够用即可，而不是越低越好；集中冷却是通过在机柜上安装一个隔热门，将机柜内外的空气隔开，让空调出风口直接将冷风送到机柜内部。

# 习　　题

1.在云计算架构中为什么要设置虚拟数据中心。

2.虚拟数据中心的成本分析与消耗主要体现在哪些方面。

3.在下一代虚拟数据中心的设计中有哪些方面可以进一步改进。

# 第 6 章　数据中心的虚拟化技术

**本章重点**
- 虚拟化技术
- 数据中心的虚拟化过程
- 虚拟数据中心的部署
- 虚拟数据中心的管理

## 6.1 数据中心的虚拟化

随着金融、电信和能源等行业数据中心应用的不断深入，数据中心在规划和建设过程中更加面临低成本、高效率等众多技术的要求。在建设绿色节能、安全、自动化的数据中心同时，应用虚拟化技术，建立面向云计算的虚拟数据中心已经成为企业信息化未来的发展方向。而虚拟化技术正是现代数据中心推动云计算应用的强大动力。

### 6.1.1 虚拟化技术

云计算是并行计算、分布式计算和网格计算的发展，同时也是虚拟化、公用计算、IaaS(基础设施即服务、平台即服务和软件即服务等概念的综合，其中，虚拟化技术是云计算实现的关键技术。虚拟化技术源于 20 世纪 60 年代，目前的虚拟化技术经历了了巨大变革。自"云计算"成为研究与应用热点后，"虚拟化"和"云计算"大多数被同时提起。

当前，虚拟化还没有一个公认的定义，虚拟化技术涉及多个应用领域，例如网络虚拟化、存储虚拟化、服务器虚拟化、桌面虚拟化和应用程序虚拟化等，而服务器虚拟化是目前虚拟化技术应用的重要领域。随着计算机技术的发展，服务器虚拟化技术逐渐被企业数据中心所采用，通过该技术，能够有效减少各种类型服务器的数量，提高服务器利用率、安全性和可靠性，并且简化了数据中心服务管理的复杂度。

虚拟化技术给数据中心管理带来了诸多优势，它一方面可以提升基础设施利用率，实现运营开销成本最小化；另一方面可以通过整合应用栈和即时应用镜像部署来实现业务管理的高效敏捷。目前，如何在数据中心实施虚拟化和实施中的关键技术成为业界关注的重点。实施虚拟化的顺序按照其生命周期可以简单划分为三个重要阶段：创建、部署和管理。本章将逐一介绍各个阶段所涉及的关键技术。

## 6.1.2 虚拟化解决方案

虚拟化解决方案的创建一般由服务提供商和服务集成商完成。由于虚拟化解决方案是由一系列虚拟镜像或虚拟器件组成的，因此，在这部分我们首先介绍如何创建基本的虚拟镜像，再描述如何创建、组装和发布虚拟器件，然后讨论虚拟器件发布后的镜像管理，最后阐述物理机环境转换为虚拟机环境的技术。

### 6.1.2.1 虚拟化技术特征

　　虚拟化技术主要具有软件实现、封装抽象、硬件独立、隔离运行等四项特性。

　　（1）软件实现。以软件方式将服务器计算和服务资源逻辑切分为多个独立的单元，并整合为统一的虚拟资源池，为创建的虚拟机提供独立的运行环境。

　　（2）封装抽象。虚拟技术能够封装操作系统和服务应用，计算设备和服务器等硬件资源被封装为标准的虚拟硬件，并以文件形式进行保存，有效实现移植和备份等功能。

　　（3）隔离运行。数据中心同一台物理服务器上的多个虚拟机保持隔离状态，不同虚拟机之间互不影响，应用程序只能通过配置的网络连接进行通信。

　　（4）硬件独立。服务器虚拟化技术能够实现虚拟机和硬件相互依赖性的剥离，为数据中心虚拟机的移植提供了良好的前提。

### 6.1.2.2 虚拟化技术类型

　　根据虚拟化抽象的层次，虚拟化技术包括：完全虚拟化、准虚拟化、操作系统虚拟化、应用程序虚拟化四种类型。

　　（1）完全虚拟化。完全虚拟化使用Hypervisor软件，通过在虚拟服务器和底层硬件设备之间建立一个抽象层，实现完全虚拟化。该虚拟化技术也称为硬件虚拟化技术。通过该技术，每个虚拟机服务器相互独立，能够独立提出处理器、硬盘、内存或网络的资源请求，并由Hypervisor软件发送到相应的物理硬件上进行处理。

　　（2）准虚拟化。准虚拟化技术能够减少服务器CPU的负担，并且可以与Hypervisor协同工作。该技术具有支持在一个宿主机上运行多个虚拟机的功能。

（3）操作系统虚拟化。操作系统虚拟化是在完全虚拟化和准虚拟化技术之上形成的。该技术没有Hypervisor软件层，由此能够提供更高的运行效率。各个虚拟机可以共享一套宿主操作系统的机制，并作为其快照存在，每个虚拟机仿佛都是在共享宿主操作系统的文件，简化了虚拟化结构。

（4）应用程序虚拟化。该技术的主要目的是方便应用程序的安装和删除，是通过将单个应用程序的文件、注册键和相关配置封装到一个数据结构中，不允许操作系统直接与应用程序内部组件进行交互。由于设置了相应的辅助工具，应用程序能够被"流化"到客户端，提高程序运行的效率。

### 6.1.2.3 创建基本虚拟镜像

根据第 5 章给出的定义，虚拟机是指通过虚拟化软件套件模拟的、具有完整硬件功能的、运行在一个隔离环境中的逻辑计算机系统。虚拟机里的操作系统被称为客户操作系统（Guest Operating System, Guest OS），在客户操作系统上可以安装中间件和上层应用程序，从而构成一个完整的软件栈。虚拟镜像是虚拟机的存储实体，它通常是一个或者多个文件，其中包括了虚拟机的配置信息和磁盘数据，还可能包括内存数据。

虚拟镜像是虚拟机的存储实体，通常表现为是一个或者多个数据文件，例如虚拟机配置数据和磁盘数据以及内存数据。虚拟镜像的主要功能是为软件开发人员提供开发和测试环境。具体方法是把虚拟镜像作为应用的初始或中间状态的备份进行使用，以此能够保证当发生不可恢复的变化情况时，可以方便地用虚拟镜像恢复到先前的某一状态。

根据创建镜像时的状态，虚拟镜像分为停机状态下镜像和快照镜像。前者是在虚拟机停机状态下创建的镜像，此时的虚拟机内存中没有任何数据，该镜像只保存虚拟机的磁盘数据；后者是在虚拟机运行过程中由快照所生成的镜像，此时，虚拟机内存中的全部数据会被导出到一个数据文件中，该镜像能够保存虚拟机做快照时刻的内存状态和全部数据，由此，用户在重新启动虚拟机时，能够立即恢复到进行快照时刻状态，而无须重新启动客户操作系统。

虚拟镜像的主要使用场景是开发和测试环境：软件开发人员在虚拟机内部对应用进行开发测试，把虚拟镜像作为应用在初始状态或某一中间状态的备份来使用，这样能够在当前的环境发生不可恢复的变更时方便地用虚拟镜像恢复到所需要的状态。

虚拟镜像分为两类：一类是在虚拟机停机状态下创建的镜像，由于这时的虚拟机内存没有数据需要保存，因此这种镜像只有虚拟机的磁盘数据；另一类是在虚拟机运行过程中做快照所生成的镜像，在这种情况下，虚拟机内存中的数据会被导出到一个文件中，因此这种镜像能够保存虚拟机做快照时的内存状态，在用户重新使用虚拟机时可以立即恢复到进行快照时的状态，不需要进行启动客户操作系统和软件的工作。由于目前使用较广泛的是停机状态下创建的虚拟镜像，因此下文主要讨论这类虚拟镜像。

创建一个最基本的虚拟镜像的流程包括以下三个步骤：创建虚拟机、安装操作系统和关停虚拟机。

第一步，在虚拟化管理平台上选择虚拟机类型，并设定虚拟硬件参数。参数主要包括虚拟机的 CPU 数量、内存大小、虚拟磁盘大小、挂载的虚拟光驱及虚拟磁盘等，其中虚拟磁盘的设定要充分考虑到后续安装软件所需空间的实际情况。虚拟化管理平台将依据这些参数创建相应的虚拟机。

第二步，选择客户机操作系统并安装，这个过程一般在虚拟化软件套件提供的虚拟机窗口界面上进行，类似于在一台普通的物理机器上安装操作系统。安装客户机操作系统时要遵循"够用即可"的原则，移除不必要的模块、组件和功能，这样既能提高虚拟机运行时的性能，又可以降低虚拟机受攻击的风险。

最后一步是关停虚拟机，保存生成的虚拟镜像和配置文件。经过这三个步骤，一个最基本的虚拟镜像就创建完毕了，整个过程一般需要十几分钟左右。

目前主流的虚拟化软件套件都提供了非常方便的虚拟镜像创建功能，一般来说都是图形化、流程化的，用户只需要根据虚拟化软件提供的提示，填写必要的信息，就可以很方便地完成虚拟镜像的创建。

### 6.1.2.4 创建虚拟器件镜像

在上一节中介绍了如何创建一个最基本的虚拟镜像，但对于用户来说，这样的虚拟镜像并不足以直接使用，因为用户使用虚拟化的目的是希望能够将自己的应用、服务、解决方案运行在虚拟化平台上，而基本虚拟镜像中只安装了操作系统，并没有安装客户需要使用的应用及运行应用所需的中间件等组件。当用户拿到虚拟镜像后，还要进行复杂的中间件安装以及应用程序的部署和配置工作，加上还需要熟悉虚拟化环境等，反而有可能使用户感觉使用不便。

虚拟器件技术能够很好地解决上述难题。虚拟器件技术是服务器虚拟化技术和计算机器件技术结合的产物，有效吸收了两种技术的优点。根据 Wikipedia 的定义，计算机器件是具有特定功能和有限配置能力的计算设备，如硬件防火墙、家用路由器等设备都可以看成是计算机器件。

由于基本虚拟镜像只安装了相应的操作系统软件，而诸如客户端软件及中间件等软件并没有配置，所以功能有限，无法在虚拟化平台中部署业务应用、服务和解决方案。为此，需要采用虚拟器件技术解决上述问题。

计算机器件是具有特定功能和一定配置能力的计算设备，如防火墙、路由器等；而虚拟器件是包括预安装、预配置的具有操作系统、中间件和应用软件集成的最小化虚拟机。与虚拟镜像不同的是，虚拟器件文件中既包含客户操作系统，也包含中间件及应用软件；与计算机器件相比，虚拟器件能够更容易地创建和发布。

该过程包括三个步骤：服务迁移规划与分析、脚本和参数配置和创建虚拟器件模板。

（1）服务迁移规划与分析。该过程需要从规模和应用领域等方面，对解决方案包括的应用模块组成情况进行分析，并围绕不同的应用场景进行细致调研，如从小型单机的 LAMP 到集群环境下的企业级解决方案。在这种情况下，需要将复杂应用分别封装到多个虚拟器件中，并对其进行大致分层或分类后，在不同虚拟器件中进行安装。

（2）脚本和参数配置。该过程不仅仅是在创建虚拟器件时配置为最优固定值，而是需要对中间件的多态特性、网络配置和应用参数进行综合考虑，再进行脚本和参数设置。参数的配置需要编制特定的脚本，并通过部署时的参数传入完成。脚本编制完成以后，设计人员需要明确配置参数及脚本的调用顺序，保证配置脚本能够满足不同实例化要求。测试也是一个非常重要的过程，具体分为单元测试和集成测试：单元测试主要检测单个脚本的正确性，而集成测试模拟脚本执行的顺序来逐一测试脚本，以保证最终用户需要的解决方案能够被成功部署。

（3）创建虚拟器件模板。这个过程包括创建虚拟镜像、安装和优化服务解决方案所需的中间件和支撑模块、安装配置脚本并配置相应的脚本执行逻辑和参数。

虚拟器件是一个包括了预安装、预配置的操作系统、中间件和应用的最小化的虚拟机。和虚拟镜像相比，虚拟器件文件中既包含客户操作系统，包含中间件及应用软件，用户拿到虚拟器件文件后经过简单的配置即可使用。与计算机器件相比，虚拟器件摆脱了硬件的束缚，可以更加容易地创建和发布。

虚拟器件的一个主要使用场景是软件发布。传统的软件发布方式是软件提供商将自己的软件安装文件刻成光盘或者放在网站上，用户通过购买光盘或者下载并购买软件许可证的方法得到安装文件，然后在自己的环境中安装。对于大型的应用软件和中间件，则还需要进行复杂的安装配置，整个过程可能耗时几个小时甚至几天。而采用虚拟器件技术，软件提供商可以将自己的软件及对应的操作系统打包成虚拟器件，供客户下载，客户下载到虚拟器件文件后，在自己的虚拟化环境中启动虚拟器件，再进行一些简单的配置就可以使用，这样的过程只耗时几分钟到几十分钟。

可以看出，通过采用虚拟器件的方式，软件发布的过程被大大简化了。认识到虚拟器件的好处之后，很多软件提供商都已经开始采用虚拟器件的方式来发布软件。例如，VMware 的官方网站已经有"虚拟器件市场"；在 Amazon EC2 环境里，虚拟器件已经用于商业目的；IBM 的内部网站上包含 IBM 主要软件产品的虚拟器件正在被大量下载和使用。可以预见，在不远的将来，虚拟器件将成为最为普及的软件和服务的发布方式，用户不再需要花费大量的人力、物力和时间去安装、配置软件，工作效率会得到很大提高。

上文谈到了虚拟器件的基本概念及使用场景，而为了更方便、高效地使用虚拟器件，并让它支持复杂的企业级虚拟化解决方案，创建虚拟器件的过程需要一系列技术的支持。在制作虚拟器件之前，需要考虑两方面的关键技术：对多个虚拟器件组成的复杂虚拟化解决方案进行预先规划和通过配置元数据和脚本实现虚拟器件的高度灵活性和模板化。

虚拟器件在很多场景下都要支持复杂的企业级应用和服务，而应用和服务的特点是需要多个虚拟器件组合交付，在虚拟器件的创建阶段需要考虑各个虚拟器件的关联关系，因而前期调研显得尤为重要。在创建虚拟器件之前，我们首先要调研和分析如何把现有的服务迁移、封装成若干个虚拟器件，然后编写相应配置脚本、规范配置参数并进行多次测试和验证，最后才是真正创建虚拟器件。制作出来的虚拟器件是一个模板，部署者在后续的部署过程中可以将其复制并生成多个实例，将解决方案交付给最终用户。下面详细介绍以上三个阶段的工作。

在开始的调研工作中，需要分析解决方案都由哪些应用模块组成。从基于单机的小型 LAMP 解决方案，到基于集群的企业级解决方案，设计人员需要针对不同的应用场景进行调研工作。例如，IBM 公司的模拟股票交易软件 Trade，用户虽然只是通过 Web 方式访问，但是，底层的支撑模块包括了 Web 服务器、应用服务器集群和后端的数据库，这三者并不是单独运行的实体，它们之间需要相互关联才能支撑模拟股票交易的服务。因此，要将这种复杂的应用封装到多个虚拟器件上，需要对其进行大致的分层或者分类，将不同层次或类型的支撑模块分别安装在不同的虚拟器件。

在前面的例子中，针对于 Web 服务器、应用服务器和数据库服务器，至少需要三个虚拟器件。需要注意的是，中间件或者应用可能出现多种形态，比如刚才提到的 IBM WAS 服务器，它可以按需被配置成多种形态，如 Deployment Manager、Standalone、Managed Node、Cell 等。对于这种情况，虚拟解决方案中只需要一个 WAS 虚拟器件就可以了，因为通过在部署阶段读取传入的参数，配置脚本可以将其实例化成上面提到的各种形态。

在分层或分类以后，需要考虑支撑模块和操作系统之间的兼容性和配置优化问题。在对支撑模块优化完成以后，还需要对整个解决方案进行联调，目的主要是对网络参数、安全参数等进行配置，对请求连接数、数据源缓存等进行优化，这部分工作对后面配置脚本的编写很重要。

调研工作完成以后，设计人员就可以编写配置脚本并进行测试了。在前期工作中，我们知道了如何对虚拟器件操作系统和支撑模块调优，由于虚拟器件中的软件栈已经固定，因此这些调优基本上都是一次性的，只需要在创建虚拟器件时配置成最优的固定值即可。但是，对中间件或模块的多态处理、联调时的网络配置、应用参数的设定等操作才是虚拟器件能够适应各种部署环境的根本之所在。这些内容的配置需要编制脚本，并根据部署时传入的参数完成。通过脚本实现配置的设定是一相对简单的操作，只要支撑模块开放命令行接口，脚本就能通过执行一系列命令的方法来使得配置生效。在脚本编制完成以后，设计人员需要确定配置参数及调用脚本的逻辑顺序，并进行测试和验证，使得配置脚本能够满足不同实例化的要求。测试过程分为单元测试和集成测试，单元测试主要检测单个脚本的正确性，而集成测试模拟脚本执行的顺序来逐一测试脚本，以保证最终用户需要的解决方案能够被成功部署。

最后一个步骤是创建虚拟器件，这个过程包括三个子步骤：第一步，创建虚拟镜像；第二步，分别在虚拟镜像中安装和优化服务解决方案所需的中间件和支撑模块；第三步，安装上文所提到的配置脚本，并且配置相应的脚本执行逻辑和参数，从而使得脚本在虚拟器件的启动、配置过程中能够按照一定的顺行执行。

当与一个应用或服务相关的虚拟器件都创建完成以后，可以将它们保存起来，供发布和部署时使用。

### 6.1.2.5 发布虚拟器件镜像

随着服务器虚拟化技术的发展，各大厂商都推出了自己的虚拟器件，但是这些产品的接口规范、操作模式互不兼容，妨碍了用户将多个不同厂商的虚拟器件组装成自己所需的虚拟化解决方案，也阻碍了虚拟化技术的进一步发展和推广。在这种背景下，需要统一的标准来明确接口规范，提高互操作性，规范各大厂商的虚拟器件组装和发布过程。

针对这种情况，可以通过一个标准 OVF 文件描述进行解决。通过标准的 XML 文件，OVF 文件对虚拟器件数量、虚拟器件硬件参数、软件配置参数和磁盘信息等进行规范定义，不仅能够对一个虚拟器件和由若干虚拟器件整合成的解决方案进行描述。其次，由于 OVF 描述文件还包括整合后各个虚拟器件之间的关联关系、配置属性和启动顺序等重要信息，因此任何第三方编写的脚本部署工具都能够解析 OVF 文件。

在 IBM、VMware、微软和英特尔等虚拟化厂商的倡导下，DMTF 非营利标准化组织制定了开放虚拟化格式（OVF）。OVF 标准为虚拟器件的包装和分发提供了开放、安全、可移植、高效和可扩展的描述格式。

OVF 标准定义了三类关键格式：虚拟器件模板和由虚拟器件组成的解决方案模板的 OVF 描述文件、虚拟器件的发布格式 OVF 包（OVF Package），以及虚拟器件的部署配置文件 OVF Environment。每个虚拟化解决方案都能够通过一个 OVF 文件来描述。目前，最新的 OVF1.0 规范中定义了虚拟器件的数量，以及每个虚拟器件的硬件参数信息、软件配置参数信息和磁盘信息等各种信息。

OVF 描述文件通过对标准的 XML 格式进行扩展来描述一个虚拟器件，或者若干个虚拟器件整合成的一个解决方案，这些虚拟器件可以来自不同厂商。由于 OVF 描述文件中包括了整合后的各个虚拟器件之间的关联关系、配置属性和启动的先后顺序等关键信息，因此用户或者任何第三方厂商编写的部署工具都能够解析 OVF 文件，并快速地部署其中描述的各个虚拟器件。

OVF 包是虚拟器件最终发布的打包格式，它是一个按照 IEEE 1003.1USTAR POSIX 标准归档的以.ova 为后缀的文件。OVF 包里面包含了以下几种文件：一个以.ovf 为后缀结尾的 OVF 文件、一个以.mf 为后缀结尾的摘要清单文件、一个以.cert 为后缀结尾的证书文件、若干个其他资源文件和若干个虚拟器件的镜像文件。

如前所述，OVF 文件描述了整个解决方案的组成部分以及每个组成部分的内在特性和组成部分之间的关联关系。镜像文件既可以是虚拟器件的二进制磁盘文件，也可以是一个磁盘配置文件，它记录了下载二进制磁盘文件的 URI 地址。摘要清单文件记录了 OVF 包里面每个文件的哈希摘要值、所采用的摘要算法（比如 SHA-1、MD5）等信息。证书文件是对摘要清单文件的签名摘要，用户可以利用这个摘要文件对整个包进行认证。资源文件是一些与发布的虚拟器件相关的文件，比如 ISO 文件等。这些文件中，摘要清单文件、证书文件和资源文件是可选的，而 OVF 文件和镜像文件是必需的。

以 OVF 包的方式发布虚拟器件，包含以下几个步骤。第一，创建需要发布的虚拟器件所对应的 OVF 文件。第二，准备好需要添加到 OVF 包里的虚拟器件镜像，为了减小 OVF 包的体积，二进制格式的虚拟磁盘可以采用 GZIP 格式进行压缩。第三，为了防止恶意用户对发布的 OVF 包进行篡改，应该对 OVF 包里面的文件做哈希摘要和签名，并将这些信息保存到摘要清单文件和证书文件，但是这个步骤目前并不是必需的。第四，如果有必要，准备好相关的资源文件。最后，用 TAR 方式对 OVF 文件、虚拟器件的镜像文件、摘要清单文件、证书文件和相关资源文件进行打包，并放置在一个公共的可访问的空间，准备被用户下载或部署。

为了简化组装、发布虚拟器件的操作，IBM 公司发布了 OVF 工具箱，它是一个 Eclipse 插件程序，功能包括可视化地创建、编辑 OVF，对 OVF 所含信息进行完整性校验以及将虚拟器件打包成 OVF 包格式。VMware 公司也推出了一款叫做 VMware Studio 的产品，该工具在基于网页的控制台上为虚拟器件创建 OVF 包，还能够为已经部署的 OVF 镜像包提供自动更新。思杰（Citrix）

公司于 2008 年底也发布了支持 OVF 的工具 Kensho（预览版），
该软件能够将虚拟器件打包成 OVF 包，并将其导入到多种虚拟化
管理平台上。此外，思杰公司还和 Amazon 公司合作，将该工具
应用于 Amazon EC2 云计算平台上。

### 6.1.2.6　管理虚拟器件镜像

　　用户按照流程创建、打包好虚拟器件镜像后，会将镜像发布
到公共的可访问的仓库，准备被下载或部署。这样的公共仓库会
储存大量的虚拟器件镜像，而一般来说一个虚拟器件镜像文件都
有几 GB 甚至几十 GB，在这种情况下，对大量虚拟器件镜像的有
效管理显得十分重要。

　　镜像文件管理的目标主要有三个：一是保证镜像文件能够被
快速地检索到；二是尽量减小公共仓库的磁盘使用量；三是能够
对镜像进行版本控制。目前比较成熟的解决办法是对镜像文件的
元数据信息和文件内容分别存储。镜像文件的元数据信息主要包
括文件的大小、文件名、创建日期、修改日期、读写权限等，以
及指向文件内容的指针链接。而镜像文件的实际内容一般会采用
切片的方式进行存储，将一个很大的镜像文件切成很多的小文件
片，再将这些文件片作为一个个的文件单独存放，为每一个文件
分配一个唯一的标识符，以及文件内容的摘要串。这需要在镜像
文件的元数据里增加新的信息，这个信息记录了镜像文件对应的
文件片。

　　采用文件切片方法的好处在于，由于很多镜像文件具有相似
的部分，如相同的操作系统目录，通过镜像切片及生成的内容摘
要，镜像管理系统可以发现这些镜像文件中相同的文件片，然后
对这些文件片进行去重操作，在文件系统中只保存单一的切片备

份，这种方法可以大大减少镜像文件的磁盘空间占用量。文件切片同样有利于镜像的版本管理，因为一般来说，一个文件的版本更新只涉及整个文件的小部分，通过镜像切片技术，当一个镜像的新版本进入系统时，系统会通过切片及生成摘要，识别出新版本中哪些切片的内容与之前的版本不同，然后只保存这些不同的切片。

在采用了文件切片和版本管理的镜像管理系统上获取一个虚拟器件镜像的流程大致如下：

第一步，用户选择虚拟器件的名称或标识符，以及虚拟器件的版本号码，如果用户没有给出版本号码，系统会默认用户需要最新版本；

第二步，系统根据用户给出的虚拟器件名称或标识符，在镜像文件库中找到对应的元数据描述文件；

第三步，根据用户给出的或由系统生成的版本号码，在元数据文件中找到对应的版本信息；

第四步，系统根据元数据文件对应版本中标明的文件切片信息，从文件切片库中找到对应的切片；

第五步，系统根据元数据文件中文件切片的顺序，对找到的文件切片进行拼接；

第六步，系统将组装好的虚拟器件镜像文件包返回给用户。

## 6.1.2.7 迁移到虚拟化环境

在虚拟化广泛普及之前，数据中心的绝大多数服务都部署在物理机上。随着时间的推移，这些物理设备逐渐老化，性能逐渐下降，所运行的服务的稳定性和可靠性都受到了极大的影响。然而，想要把服务迁移到新的系统上会面临很大的风险。这主要有两方面原因：一方面是开发人员的流动性，当需要迁移服务时，可能已经找不到以前开发团队的相关人员了；另一方面是服务对系统的兼容性问题，服务所依赖的老系统的特定接口或者函数库在新的系统里面并不一定兼容，这些问题长期困扰着传统数据中心的管理。

随着虚拟化的日益流行和其优势的不断体现，人们也在思考如何让已有的服务迁移到虚拟化环境里来充分利用虚拟化所带来的好处。虚拟化的辅助技术 P2V（Physical to Virtual）成为决定服务器虚拟化技术能否顺利推广的关键技术。顾名思义，P2V 就是物理到虚拟，它是指将操作系统、应用程序和数据从物理计算机的运行环境迁移到虚拟环境中。P2V 技术能够把应用服务与操作系统一起从物理服务器上迁移到虚拟环境中，通过这样整体性的解决方案，管理员不再需要触及与系统紧密整合的应用的相关代码，大大提高了系统迁移的可行性和成功率。

当然，P2V 技术的原理并不是文件拷贝那么简单。例如，在操作系统启动过程中，操作系统内核负责发现必要的硬件设备和相应的驱动程序，如果内核没有发现合适的驱动，硬件设备就无法正常运行。因此，要将物理机上的整套系统迁移到虚拟机上，硬件设备从"真实的"变成了"虚拟的"，相应的驱动程序也需要替换成能够驱动"虚拟"硬件的程序。

绝大多数实现 P2V 技术的软件都遵循了上述原理。下面，我们来看看用户操作 P2V 软件的基本步骤。

第一步，制作镜像，通过镜像制作工具将物理机的系统整体制作成物理机的镜像。这里的镜像制作工具既可以是 P2V 软件自带的，也可以是第三方的软件。

　　第二步，选择驱动，替换掉镜像中与特定硬件设备相关的驱动程序或者磁盘驱动器，并且保证镜像中新的驱动程序和其他驱动程序在系统初始化时有序启动，以使镜像能够在虚拟环境中运行。

　　第三步，定制配置，用户手动输入必要的参数，例如虚拟机的 CPU、内存、MAC 地址等，P2V 软件根据数据的参数生成能够让镜像被虚拟机监视器所识别的配置文件。

　　总之，P2V 软件需要捕捉物理系统的所有硬件配置、软件配置、磁盘内容等信息，并对与客户环境定制化相关的配置参数进行抽象，将所有这些信息打包成一个镜像及相应的虚拟机监视器相关的配置文件。

　　就具体的操作系统而言，由于 Linux 系统内核是开放的，因此实现 P2V 的过程相对较为简单；Windows 系统内核没有公开，P2V 相对比较复杂，如果不能很好地解决驱动替换，在虚拟机启动时很可能出现不能操作的现象，因此存在一定的风险。值得一提的是，伴随 P2V 技术的还有 V2P 和 V2V 技术。所谓 V2P 就是将虚拟机向物理机迁移，类似于我们日常所用的 SymantecGhost 软件，只是增加了对各种不同物理平台的硬件设备的驱动支持。而 V2V 技术使得系统和服务可以在不同的虚拟化平台之间进行迁移，比如现有的系统和服务运行在 Xen 虚拟机上，通过 V2V 迁移，使得系统和服务可以运行在 VMware ESX 虚拟机上。

## 6.2 部署虚拟化解决方案

虚拟器件只有当被部署到数据中心时，才能被数据中心计算设备和服务器使用，进行相关数据计算和服务发布。虚拟器件的部署包括部署虚拟器件和激活虚拟器件两个过程。两个过程全部成功完成后，虚拟器件才能够最终被数据中心使用。

当虚拟器件被创建、发布以后，它们需要通过某种方式被部署到数据中心才能被用户使用。在这个阶段，我们首先要考虑如何规划虚拟化环境，选择合适的虚拟化厂商和产品，将数据中心的计算资源、存储资源和网络资源进行虚拟化，从而保证虚拟器件能够在虚拟化环境里面正常运行，这些内容将在 6.2.1 节 "规划部署环境" 中讲述。6.2.2 节 "部署虚拟器件" 将介绍把虚拟器件部署到虚拟化环境里面的具体步骤及相应的关键技术。最后，在 6.2.3 节 "激活虚拟器件" 中将介绍在虚拟器件内部对于虚拟器件模板进行实例化的过程和技术。通过这三个过程，虚拟器件就可以最终被用户使用了。

### 6.2.1 规划部署环境

数据中心采用虚拟化技术能够显著地提高服务器利用率，缩短服务部署时间，减少能耗、制冷和维护等成本。然而不可否认的是，虚拟化技术同时带来了新的问题：在管理层次上增加了虚拟机层，增加了资源管理和调度的复杂性。另外，面向服务的架构（Service Oriented Architecture，SOA）催生了大量的由松散耦合的功能模块组成的业务，当这些业务被部署在数据中心时需要更加快捷、便利。因此，在数据中心构建虚拟化环境时，用户应该进行投资回报分析，根据自己的业务需求来规划数据中心的计算资源、存储资源和网络资源，并选择适合的虚拟化厂商和产品来寻找虚拟化环境的管理能力及成本的平衡点。

下面将根据构建虚拟化环境的三个步骤即投资回报分析、资源规划和虚拟化平台厂商及产品的选择来分别介绍相关的关键技术。

第一步是投资回报分析。作为企业的管理人员，最关心的是自己的投资能否获得更高的回报，对数据中心实施虚拟化同样要考虑这样的问题，在实施虚拟化之前进行投资回报（Return On Investment，ROI）分析就显得尤为重要。投资回报分析是通过一系列的经济学方法对数据中心内各种资源的成本进行处理分析，得到数据中心实施虚拟化以后效益是否能够提高的预测值。通常，在分析过程中需要考虑直接投资成本和间接投资成本。比较常见的直接投资成本包括：服务器硬件设备成本、网络硬件设备成本、存储设备成本、配套制冷设备成本、虚拟化软件成本、构建虚拟化环境的时间成本和相关设施的维护成本等。

另外，还需要结合服务器硬件性能和虚拟化软件来考察数据中心的整体虚拟化能力，这个能力决定了该数据中心能够容纳的虚拟机的数量，从而间接得出能够容纳的虚拟化解决方案数量。很多虚拟化厂商都提供简单的计算工具方便用户计算投资回报率，比如 VMware 公司的在线 ROI 计算器、PlateSpin 公司的 PlateSpin Recon。对于复杂的大型数据中心，用户也可以找第三方的专业公司来分析其投资回报率。

　　第二步是资源规划。数据中心的资源主要包括三大类：计算资源、存储资源和网络资源。计算资源是指物理服务器的计算处理能力，和 CPU、内存相关；存储资源是指数据中心的存储能力，和磁带、磁盘、存储系统的空间相关；网络资源是指数据中心的网关、子网、带宽和 IP 等资源。通过虚拟化技术，数据中心里面的各种资源被整合成了统一的资源池。资源规划就是要研究如何把由虚拟器件组成的解决方案部署在虚拟化环境里，合理分配资源，并且保证资源的高效利用。

　　资源规划一般从计算资源规划入手，资源规划者在能够保证虚拟化解决方案所需要的计算资源的前提下，再考虑与存储、网络资源池分配相适应的资源。对于计算资源，常用的衡量指标是 VM/Core，它指单台物理机的 CPU 里每个核（Core）上所能运行的虚拟机的数量。如果单台物理服务器的计算资源无法满足解决方案服务的需求，就需要用到多台服务器资源。这时，虚拟机的负载均衡就成为很重要的因素。可以保证规划阶段分配的资源能够得到充分利用。当然，还需要考虑存储资源的 I/O 负载均衡、网络资源的带宽均衡等。在产品方面，VMware 公司推出的资源规划辅助工具 Capacity Planner 能够帮助数据中心更方便地进行规划。IBM 公司的全球技术服务部（GTS）也提供了相关的服务来帮助客户对数据中心现有资产做出评估，并在战略上实施资源规划。

　　第三步是虚拟化平台厂商及产品的选择。在第 2 章我们简单介绍了 x86 平台下的主流虚拟化厂商。目前，主流的企业级虚拟化平台有 VMware 公司的 ESX Server、Xen 及微软公司的 Hyper-V。用户在进行选择时，需要综合考虑这些产品的价格、功能、兼容性，找到适合自己的产品。从价格上来说，VMware ESX Server 按服务器的内核数量来计价，Hyper-V 是随着 Windows Server2008

系统一同发售的，而 Xen 有两个版本：商业版和开源版，其中开源版可以免费下载和使用。从功能上来说，各个厂商都提供了基本的虚拟化平台及虚拟机管理命令。在这些功能之外，VMware 提供了集成化的数据中心管理平台 Virtual Infrastructure，以及之上的迁移、容错、备份等套件，XenServer 也有对应的数据中心管理工具，微软 Hyper-V 的附加功能目前比较少。从兼容性上来说，Xen 和 VMware 都对 Linux 系统有很好的兼容性，在 Windows 平台下，VMware 也能够提供大部分管理功能，并支持创建 Windows 虚拟机，作为 Windows 一部分的 Hyper-V 能够对 Windows 操作系统提供良好的支持。

### 6.2.2 部署虚拟器件

准备工作完成以后，就可以进行虚拟器件的部署了。部署虚拟器件是将虚拟器件支持的解决方案交付给用户过程中最重要的一个环节，即虚拟机实例化的阶段。在 6.1 节所提到的步骤中，我们已经知道了如何创建虚拟器件和发布虚拟器件，而部署阶段所要做的工作就是使虚拟器件适应新的虚拟化环境，并将其承载的解决方案交付给用户。

部署虚拟器件的流程大致可以分为以下六个步骤：

①选择虚拟器件并定制化；②保存定制化参数文件为 OVF Environment 文件；③选择部署的目标物理机；④复制虚拟器件的镜像文件和配置文件；⑤启动虚拟器件；⑥在虚拟器件中进行激活。目前，比较主流的部署工具都能够完成流程中前五步操作，下面我们详细介绍每一个步骤。

第一步，选择虚拟器件并定制化。在部署虚拟器件之前，用户首先要选择需要部署的虚拟器件，并输入配置参数。这一步是整个部署过程中少数需要用户参与的步骤之一，由于采用了虚拟器件技术，需要用户配置的参数相对于传统的部署已经变得非常简单，而且部署工具还能够帮助用户对这些参数进行配置，进一步减少了用户操作的复杂性。概括来说，用户可以配置的参数信息包括虚拟机的虚拟硬件信息（CPU、内存等）以及少量的软件信息。软件信息是指虚拟机内部软件栈（操作系统、中间件、应用程序）相关的配置，其中与网络和账户相关的参数必不可少。网络参数是连接各个虚拟器件从而构成整体解决方案的重要信息，包括 IP 地址、子网掩码、DNS 服务器、主机名、域名、端口等，它们既可以由用户手动分配，也可以由部署工具自动分配。账户参数的设定是用户定制化最重要的环节，主要包括虚拟机的用户名和密码、某个软件的用户名和密码，或者某个数据源的用户名和密码等。出于安全方面的考虑，这些参数一般情况下需要用户去指定，而不采用默认值。

第二步，保存定制化参数文件。在第 1 步生成的定制化信息需要保存在文件中，以便被后续的虚拟机配置程序调用。一般来说，定制化信息被保存为两个文件：一个文件保存虚拟机的硬件配置信息，用于被虚拟化平台调用来启动虚拟机；另一个文件保存的是对于虚拟器件内的软件进行定制的信息。虚拟机配置文件与虚拟机的平台相关，因此需要遵循厂商指定的文件格式规范。对于虚拟器件的软件定制化信息，由于在虚拟化技术产生的初期各个厂商独自开发自己的部署工具，使得保存定制化参数的方式各不相同，如有些厂商使用文本配置文件，有些厂商使用 XML 文件。在上文提到的开放虚拟化格式（OVF）成为工业标准以后，这一问题得到了有效解决，目前各大厂商都会按照 OVF Environment 文件的格式来保存定制化的信息。

上文中已经介绍了 OVF 标准及其定义的文件格式，具体对于 OVF Environment 文件，OVF 标准是这样定义的：该文件定义了虚拟机中的软件和部署平台的交互方式，允许这些软件获取部署平台相关的信息，比如用户指定的属性值，而这些属性本身是在 OVF 文件里定义的。OVF Environment 规范分为两个部分，一个是协议部分，另外一个是传输部分。协议部分定义了能够被虚拟机上软件获取的 XML 文档的格式和语义，而传输部分定义了信息是怎样在虚拟机软件和部署平台上通信的。综合来说，虚拟器件的模板描述信息、能够被用户配置的属性项信息、属性的默认值等信息在 OVF 文件里进行了描述，而客户在第 1 步填写的定制化信息在 OVF Environment 文件里面描述。两个文件通过将属性的名称作为关键字进行匹配。

第三步，选择部署的目标物理机服务器。目标机至少需要满足下列几个条件：网络畅通、有足够的磁盘空间放置虚拟镜像文件、物理资源满足虚拟机的硬件资源需求（CPU、内存数量足够）、虚拟化平台与虚拟器件的格式兼容（如 Xen 平台支持 Xen 虚拟器件、VMware 平台支持 VMware 虚拟器件）。目前的部署工具都能够自动完成对上述几个条件的检查工作。具体来说，部署工具会通过网络连接目标服务器，连接成功后，通过执行系统命令检查服务器上的 CPU、内存、磁盘空间、虚拟化平台。在检查通过后，返回给用户可以部署的信息。另外，有些部署工具可以提供更高级、更智能的部署能力，让用户事先输入一组服务器的列表，组成一个服务器池，当用户选择要部署一个虚拟器件时，部署系统根据上述几个条件自动从服务器池中选择出满足条件的一台服务器，作为部署的目标机。部署工具还可以考虑用户的定制化需求，将虚拟器件部署到网络较好的服务器，或者部署到硬件性能比较好的服务器，或者部署到没有运行其他虚拟机的服务器，或者考虑一个解决方案中的多个虚拟器件的关系，将它们部署到同一个服务器或者多个不同的服务器上。

第四步，拷贝虚拟器件的相关文件。在用户完成参数定制化并选择了目标物理机以后，部署工具就可以从虚拟器件库中提取出用户选择的虚拟器件的 OVF 包，再将它们与第 2 步生成的 OVF Environment 文件、虚拟机配置文件一起复制到目标物理机上。由于虚拟器件镜像的大小一般都在几到几十 GB，而目前的网络主要是百兆网或者千兆网，因此部署的时间瓶颈在于传输所耗费的时间。随着虚拟化服务越来越受到人们的重视，相应的厂商也不断开发出新的技术来解决部署费时的问题，目前比较成熟的技术有镜像流技术和快照技术。

镜像流传输类似于在线视频播放的流媒体：通过流媒体技术，用户可以边下载影音文件，边播放已下载的部分。这样的好处是用户不需要等待整个文件下载完毕再播放，节省了时间，优化了用户体验。对于典型的虚拟器件，其内容包括操作系统、中间件、应用软件，以及用户需要使用的剩余空间。用户在启动虚拟器件时，主要是启动虚拟器件的操作系统、中间件和应用软件，这些部分仅占整个虚拟器件文件中的一个小部分，通过镜像流技术就可以无须下载整个虚拟器件而即时启动虚拟机。

简单来说，在虚拟器件启动时，虚拟器件通过流传输的方式从镜像存储服务器传输到虚拟化平台上，虚拟器件在接收其镜像的一部分后，即可开始启动过程。虚拟器件余下的部分可以按需从镜像存储服务器中获取，从而减少了虚拟器件的部署时间，使得部署的总时间只需要几十秒钟到几分钟。部署系统按照流传输方式请求镜像时，镜像管理系统无须将文件片打包成镜像文件包再整体返回给部署工具，而是按照文件片的顺序，依次将文件片以文件流的方式传输给部署工具。通过省去虚拟器件文件片组装打包的过程，进一步缩短了整个部署的时间。

　　快照技术的本意是用来帮助虚拟机进行备份和恢复，但是它同样可以辅助虚拟化服务的部署。快照技术在部署中的典型应用场景是：在部署虚拟器件时，部署工具会检查在部署目标机上是否已经存在被部署虚拟器件的快照，如果存在，就不需要再将虚拟器件镜像文件复制到虚拟化平台，而是通过虚拟化平台的应用接口将快照作为模板，快速复制出新的虚拟器件，并通过定制化配置成为用户可用的状态；如果快照不存在，在虚拟器件镜像被部署后，部署工具会通过虚拟化平台提供的应用接口对虚拟器件做快照，方便以后使用。快照技术的好处在于可以减少部署的时间。

　　第五步，在目标机上启动部署后的虚拟器件。部署工具会通过远程连接的方式，在目标机上执行一组命令，来完成虚拟器件的启动。在启动过程中有一个关键过程，是将第 2 步生成的软件配置参数文件传送到虚拟器件中。目前采用虚拟磁盘的方法进行传送，也就是说将 OVF Environment 文件打包为一个 ISO 镜像文件，在虚拟器件的配置文件中添加一个虚拟磁盘的配置项，将其指向打包的 ISO 镜像文件。这样，当虚拟器件启动后，在虚拟器件内部就可以看到一个磁盘设备，其中存放着 OVF Environment 文件。总体来说，这一步需要执行的操作依次为：将 OVF Environment 文件打包为 ISO 文件，修改虚拟器件配置文件创建虚拟磁盘项，在虚拟机管理平台上注册虚拟器件信息，启动虚拟器件。

### 6.2.3 激活虚拟器件

　　虚拟器件部署的最后一个步骤是在虚拟器件内部读取 OVF Environment 文件的信息，根据这些信息对虚拟器件内的软件进行定制，这个过程被称为虚拟器件的激活。根据激活的自动化程度及功能，激活可以划分为：完全手动的激活、基于脚本的手动激活、单个虚拟器件的自动激活、组成解决方案的多个虚拟器件的协同激活。下面将分别介绍这几种场景。

　　完全手动的激活适用于所有的虚拟器件，用户在虚拟器件内部读取 OVF Environment 文件的内容，判断其中的配置项属于哪个软件，并根据自己的知识对该软件进行配置。显然，这种场景对用户的要求较高，要求用户了解 OVF Environment 文件的格式，能够读懂其中的内容，并具备对各种操作系统、中间件、应用软件进行配置的知识，即使用户具备这些知识，但是由于配置过程非常复杂，也可能因为误操作或者系统异常终止而导致激活失败。

　　脚本是由虚拟器件的创建者、发布者编制的，在激活过程中，用户只需要调用配置脚本，并将 OVF Environment 文件中的配置信息作为脚本的输入参数，就可以完成激活，用户不需要了解激活脚本的工作流程，因此也不需要具备对各种软件产品进行配置的知识。不过这种方式对用户仍有一定的要求，一是用户需要读懂 OVF Environment 文件的内容；二是用户需要了解激活脚本暴露的接口格式，并将 OVF Environment 文件对应的内容传给脚本；三是用户需要了解并协调多个脚本的执行过程，因为在激活中，多个软件的激活可能需要遵循一定的顺序。而下文介绍的自动化激活问题，正是为了满足上面的几个要求。

　　一个典型的自动化激活单个虚拟器件的工具的工作原理如下：在虚拟器件启动过程中，激活工具从虚拟磁盘中获取 OVF Environment 文件，根据激活的先后顺序读取 OVF Environment 文件中的参数，执行激活脚本，配置虚拟器件中的软件，在不需要用户干预的情况下，得到定制化的可用的虚拟器件。这样的部署方式改进了传统的软件安装和部署方式，免去了那些费时并且容易出错的部署步骤，比如编译、兼容性和优化配置，并且这种方式在虚拟资源池智能管理的支持下能够做到完全自动化，非常适合在虚拟化环境中对软件和服务进行快速部署。目前，很多公司开发的虚拟器件都内置了简单的激活工具，如 IBM Activation Engine 作为一个自动化激活工具，在 IBM 公司发布的虚拟器件中得到了广泛使用。

　　多个虚拟器件会组合成一个解决方案，而在激活过程中，这些虚拟器件可能有配置参数的依赖关系和激活顺序关系。通过在虚拟器件内部植入具备网络通信功能的激活工具，可以统筹整个解决方案的激活过程，协作地完成解决方案的激活。当然，这需要借助现有的 OVF 文件中定义的参数依赖关系及激活顺序。

## 6.3 虚拟数据中心管理

　　数据中心的管理需要资源的自动化调度和与业务相关的智能。一个数据中心好比一个交响乐队，每一个业务和它所占有的资源就好比一个乐手和他的乐器，乐手必须熟练运用好乐器才能演奏出美妙动人的独奏。乐队里面有弦乐、管乐和打击乐三大声部，包括数十乃至上百件乐器，如果不能很好地协调在一起，即使每个乐手都是世界一流的，整个乐队演奏出来的也是毫无组织、杂乱无章的。因此，乐队需要一个指挥家，作为整个乐队的灵魂，将乐队的各个部分组织起来，对各个声部进行有序的调度，形成一个整体呈现给听众。同样，现代数据中心既需要单个业务能够自治管理，也需要一个负责全局控制和协调的中心节点对数据中心的业务和资源进行统一监控、管理和调度。

　　在传统的服务管理模式中，管理员需要登录若干个软件的控制台来获取信息、执行操作，这种分别针对软件、硬件和系统的方式缺乏面向服务的统一视图。而采用虚拟器件后，管理员可以通过虚拟化平台提供的管理功能来完成对虚拟机的管理工作，如开关虚拟机、调整虚拟机资源、执行实时迁移等，也可以通过虚拟器件内部嵌入的管理模块来管理解决方案，如服务监控、服务开停控制、服务自动性能调优等。这两类管理操作都可以被统一到集中式的管理平台中。

　　在虚拟化环境里面，不仅仅需要实时监测宿主机的电源和性能的变化，还需要了解虚拟机 CPU 和内存的利用率，甚至是业务的访问量，这些信息对于资源管理和调度是至关重要的。采集到这些信息以后，中心节点会根据应用特征选择最合适的调度算法，将这些信息抽象成该算法的输入，计算出最优化的调度结果，之后按照调度结果对虚拟机进行调度。除此之外，数据中心管理程序还需要考虑各种常规的管理操作，如开关、配置等，通过对流程的自动化来简化数据中心管理员的工作。

　　本节将介绍虚拟器件管理阶段的四类关键技术：集中监控、快捷管理、动态优化和高效备份。

### 6.3.1 集中监控

虚拟化技术为数据中心带来先进的功能已是不争的事实。但是，由于引入了虚拟化，对数据中心资源的管理和监控任务也随之增多。传统的数据中心大致分为硬件、操作系统、中间件和应用四层。引入虚拟化以后，一台物理服务器上会运行多个虚拟机，这使得硬件和操作系统之间又多了一个层次，数据中心需要管理维护的对象的数量和复杂度也增加了。

数据中心的管理平台中需要能够对虚拟化环境进行集中监控的技术，以便更好地监控虚拟化环境中的资源及运行在虚拟器件上的解决方案。数据中心的管理平台在监控方面必须做到以下两点：第一，能够集中监控数据中心的所有资源；第二，能够集中监控所有虚拟器件上运行的解决方案的状态和流程。下面我们分别阐述这两点所涉及的技术。

对所有资源集中监控，就是通过对采集到的数据进行分析、优化和分组，以图表等形式，让管理员在单一界面对虚拟化环境中的计算资源、存储资源和网络资源的总量、使用情况、性能和健康状况等信息有明确、量化的了解。比如，对于每个物理服务器，管理员要能看到它的 CPU 和内存的使用情况、它上面运行的虚拟机数量，以及每个虚拟机的负载情况、所占用的 IP 资源、带宽资源等。管理员还要能够监控各个物理机上的虚拟机的拓扑结构图，以及虚拟机和物理服务器的位置关系等。

通过资源集中监控，还能帮助管理员发现负载不均衡的情况以及排除故障。在集中监控方面，IBM 通过虚拟机管理器扩展功能，可以让管理员快速地查看数据中心的物理机、虚拟机、存储设备等资源的数量、健康状况、逻辑关系等，另外还可以让管理员定制视图，从而进一步获得更详细的信息。

对虚拟器件上运行解决方案的状态及流程进行集中监控，首先要能够让用户实时跟踪这些解决方案在部署及运行期间的状态和流程的实时情况。虚拟化服务从被部署开始，要经历多个状态，包括部署、激活、管理，直到最后生命周期结束而被销毁。虽然部署与激活的流程可以根据用户的配置自动完成，但是仍要求有一个集中的可视化监控环境为用户提供他们所关心的信息，如部署所采用的虚拟器件包、预留的物理资源、部署（虚拟器件文件传输）的进度等。在激活过程中，这些信息包括解决方案的配置及激活操作的结果等。

同样，当解决方案经过激活运行起来以后，管理员所关心的主要有解决方案的性能信息，包括它所提供的服务的响应时间、吞吐量等，以及每个虚拟器件的运行状态，如虚拟 CPU、处理器和磁盘的使用率等。将这些信息以可视化的方式展现给管理员，他们便可以有的放矢地对在数据中心中托管的虚拟器件及解决方案进行管理和调优。

最后，当虚拟器件完成了其任务并准备被销毁时，其销毁的过程及销毁后的状态也需要进行监控，来帮助管理员完成对虚拟器件整个生命周期的管理，并保证所有的资源被有效地回收。

## 6.3.2 高效备份

在传统的数据中心中，数据备份技术已经相当成熟。如果需要对数据进行短期备份，可以利用磁盘；如果是长期备份，则需要用到磁带库。现有的备份机制和相关软件已经发展到可以支持存储区域网络、光纤和系统升级的功能。各个厂商也都推出了自己的存储管理解决方案，并各具优点。

在越来越多的企业开始采用虚拟化技术的情况下，如何对虚拟化数据中心的数据进行备份成为一个重大挑战。由于以下几个原因，传统的数据备份技术已经不能满足虚拟化平台下的需求。

（1）大量具备高度相似的内容的虚拟机镜像并存。在传统的情况下，文件系统和服务器之间的关系是一对一的，但是引入虚拟化以后，一台服务器上面可能运行多个虚拟机，而每个虚拟机都有独立的文件系统作为支撑。

（2）有些虚拟化平台为了构建存储集群，采用了私有的文件系统格式，比如 VMwareESX 独有的文件系统 VMFS。这要求数据备份软件能够识别私有的文件系统，并且有访问权限，这就增加了数据备份的复杂性。

（3）如果企业的数据中心采用了多种虚拟化平台，那么数据备份时还需要处理虚拟平台的异构性和多样性。

（4）多个虚拟器件才能承载一个解决方案。在企业的数据中心里面，由单一服务器承载单一解决方案的情况越来越少，人们看到的更多是由多个虚拟器件组成一个解决方案交付给终端用户。这样，解决方案和虚拟器件的对应关系是一对多的，而多个虚拟器件可能分布在多个虚拟化平台上。在这种情况下，传统的备份策略和方法很难奏效。

（5）虚拟机可以实时迁移，从文件系统的数据备份角度来讲，很难跟踪到底虚拟机运行在哪台物理服务器上。这些挑战都对数据备份一致性提出了更高的要求。

针对虚拟化对数据备份提出的挑战，人们对备份策略和技术做出了相应调整，主流的备份机制有如下两种。

（1）虚拟机上备份。这种方法沿袭了传统的备份方法，认为虚拟机是一个普通的服务器，只需要在它上面安装和物理服务器上一样的备份代理软件，与传统的备份服务器通信，并执行由备份服务器发出的备份策略和指令。这个解决方案的优点在于它的实施过程和传统的物理服务器备份一样，最大限度地兼容了传统的备份机制，减少了为升级备份而投入的初期成本。很多企业出于这方面的考虑，也乐于采用这种备份方案。其缺点在于备份冗余度过高，增加了后期存储备份数据设备的开销。造成这种情况的原因是，在虚拟机管理器上进行的备份中，它上面虚拟机的文件系统作为普通二进制文件做了一次备份，而虚拟机作为普通服务器，又对自己的文件系统做了一次备份。时间一长，后期存储所需的开销将会增加，而且由于进行了重复备份，备份时间也相对较长。不过，有些数据备份厂商已经意识到了这个问题，具有识别并删除重复数据功能的备份软件已经问世，它能够大量地减少备份量，从而节省备份时间。

（2）虚拟机外备份。与第一种方案不同，这个方案是在虚拟机外部实现对虚拟机的数据备份，它充分利用了虚拟机管理器提供的备份应用接口，从而简化数据备份和数据恢复的工作，并且减少了备份过程中对其他虚拟机的影响，大大提高了备份效率。其实，这里提到的备份应用接口就是指虚拟机快照技术，虚拟机快照技术不仅能够针对虚拟机文件系统进行快速备份，而且能将备份粒度降低到文件系统中的某个具体文件。

有了虚拟机管理器提供的备份接口，虚拟机外备份方案只需要关心上层的备份策略，而不用和虚拟化平台特定的文件系统打交道。它的主要备份策略是设置虚拟机的还原点，通过逻辑单元号（Logic Unit Number，LUN）或者磁盘驱动器中指定的位置来存储所需的备份。另外，系统管理员还可以通过快速查询逻辑单元号对应的虚拟机，提高恢复虚拟机的响应速度。对于删除重复数据这一项功能，虽然在虚拟机上备份解决方案中不常应用，但是在虚拟机外备份解决方案中却属于常见功能。备份软件能够先将多次出现的相同数据识别出来，并将冗余数据删除，仅存档一份数据。

在实际的生产环境中，很多数据中心所使用的备份解决方案并没有我们上面阐述得那么明确，而是在这两种解决方案中各取所长，可按照用户的实际需要选择恰当的技术。例如，持续数据保护技术就是利用了前面提到的两种解决方案，采用了增量备份的策略对虚拟化数据中心进行持续、增量的数据备份，从而缩短备份所需时间，并减少存储所需的空间。

具体来说，在初始化的时候，该系统对数据中心所有的物理服务器和虚拟机服务器进行一次扫描，然后进行一次初始化备份，这一次备份的时间较长。之后，数据保护系统按照备份策略对服务器进行再次扫描，如果发现服务器的文件发生了变化，该系统会对它进行增量备份，并且记录好时间戳。这样，一旦出现任何问题，持续数据保护系统都可以将状态平滑地回滚到出问题以前某一个进行过数据备份的时刻。增量备份只需要很少的系统开销，几乎不会影响到服务器上运行的应用和服务。

# 习　题

1. 简述虚拟化主要关键技术以及所使用的相关软件。

2. 虚拟数据中心在云计算架构中的层次位置如何，简述虚拟构件器的创建流程。

3. 结合至少一种面向数据密集型的实际应用，试说明虚拟数据中心的管理机制与难点。

# 第 7 章　云架构示范应用

**本章重点**
- 云计算架构应用实例数据特点
- 服务组件元数据表示
- 服务组件工作流定制过程

## 7.1 云平台数据特点

总体来说，云计算平台具有用户分散、数据集中、按需定以及面向用户等特点，结合实际应用具体分析如下：

（1）用户分散。用户可以在互联网络中任意一点操纵或使用数据，在地理上是分散的。

（2）数据集中。借助网络爬虫对互联网络中 BBS、Blog 等信息交互平台进行 Web 数据增量式采集，数据存储和计算相对集中，而且随着时间的不断推移逐渐形成领域数据中心。

（3）按需定制。为了满足不同用户的个性化需求，校园心理健康评估应提供方便的服务定制机制。

（4）面向用户。用于仅需采用简单的数据接入设备，就可以实现心理健康评估、心理健康态势分析等复杂应用。

综上所述，心理健康评估云计算平台的建立，可以有效地聚合多种服务资源，满足更多用户的复杂应用需求。

## 7.2 服务组件表示

借助于资源描述框架（RDF）出色的资源描述能力，对服务组件的各项元数据进行三元组表示<Subject, Predicate, Object>。Subject 表示服务主体，Object 表示服务客体，Predicate 表示服务谓词，即服务主体与服务客体间的二元关系。根据上述描述，"主题发现与追踪"服务组件实例如表 7-1 所示。

表 7-1 服务组件表示三元组

| Subject | Predication | | | Object |
|---------|-------------|---|---|--------|
| URI | Attribute | | | Literals |
| Http://url/ ServiceID | Has Description | | | |
| | Is Resource Location | | | |
| | Is Creator | | | |
| | Has Classification | | | |
| | Has Interface | Has Input | Has Value | |
| | | | Is ValueType | |
| | | | Is Used | |
| | | Has Output | Has Value | |
| | | | Is ValueType | |
| | | | Is Used | |
| | Is PublisedTime | | | |
| | Is Runnable | | | |
| | Has Name | | | |

其中，服务主体可以由 URI (Http://url/ServiceID)唯一定位。"Attribute"，"Has Description"， "Is Resource Location" "Is Creator"，"Has Classification"， "Has Interface"， "Is PublisedTime"， "Is Runnable"， "Has Name"分别代表服务组件主体与客体间的谓词关系。其中"Has Interface"中包括"Has Input"和 "Has Output"两个资源包，具体描述如表 7-2 所示。

表 7-2 服务组件谓词描述

| Predication | Function Description |
| --- | --- |
| Has Description | 描述服务组件具体功能 |
| Is Resource Location | 使用唯一资源定位符，标识服务资源的具体位置 |
| Is Creator | 服务组件创建者姓名 |
| Has Classification | 服务组件在组件库中的分类 |
| Has Interface | 服务组件接口 |
| Has Input/ Has Output | 输入/输出接口以资源包的形式存在,且由统一的资源定位符标识 |
| Has Value | 接口数据 |
| Is ValueType | 接口数据类型 |
| Is Used | 标识是否该接口被使用，如果使用则标识为1，反之为0 |
| Is PublisedTime | 服务组件创建时间 |
| Is Runnable | 表示服务组件运行状态，1 表示可运行，0 表示不可运行 |
| Has Name | 服务组件姓名 |

图 7-1 进一步给出了服务组件的图形化及形式化表示实例，椭圆形结点表示服务控件主体资源，矩形结点表示客体属性的具体数据，而箭头则代表主体与客体间的属性关联。具体输入和输出接口均以资源包的形式存在，用户可以根据实际需要选择具体接口。

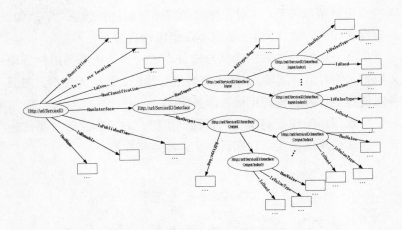

**图 7-1 服务组件资源框架描述**

# 7.3 工作流定制

工作流的个性化定制是用户根据实际业务需求，实现多种自满足式服务动态组合的过程。在实际的应用环境中，云计算平台将大量存储及计算资源予以集中管理，结合不同服务间的灵活组合与个性化定制，有效地扩大了服务的范围和力度，为面向多种大规模数据密集型应用提供支撑。

具体定制过程如图 7-2 所示：

步骤一：服务组件查询。用户根据实际业务需求，对服务组件库中相关服务元数据进行查询，选择满足具体服务条件的服务组件。

步骤二：逻辑工作流生成。确认选中服务组件的可用性后，即可开始定制用户逻辑工作流。初步确立工作流中不同服务组件间的调用及接口关系，并对工作流的整体逻辑进行验证[17]，例如：是否存在闭环、输入/输出是否存在逻辑错误等。

步骤三：组件关联的确认与验证。进一步分析服务组件各项元数据，并对组件间输入/输出关联进行验证。验证无误后，向服务组件库进行服务资源申请与服务绑定。

步骤四：工作流测试。选择测试用例，对工作流进行路径测试，返回结果满足实际预期后，工作流定制完成。

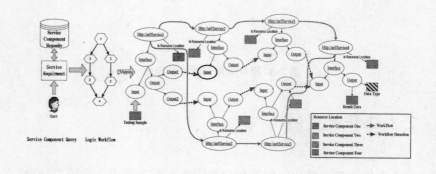

图 7-2 服务工作流定制流程

作为一种资源密集型应用服务平台，云计算在向用户提供丰富的计算、存储以及带宽等服务的同时，还进一步实现了服务的协同与共享。具有相似应用需求的用户，不仅可以复用相似的业务工作流程，而且还能共享运行结果，大大节省工作流定制、验证以及存储的资源开销，有效地提高了平台服务相应速度与质量。

如图 7-3 所示，用户结合实际应用需求，确立初步逻辑工作流（步骤①）。借助工作流案例库，查询并计算具有相似性业务流程的历史案例（步骤②）。通过分析当前用户工作流与历史案例的相似程度，从而确定历史逻辑工组流的可复用性。下面分别就可能存在的几种匹配情况进行描述：

（1）当前用户工作流与历史案例完全相同，且两次应用的数据输入也相同。此时可以判断两个业务完全一致，故执行步骤③，通过复用历史案例的执行结果，实现服务快速应答。

（2）当前用户工作流与历史案例完全相同，但两次应用的数据输入不相同。

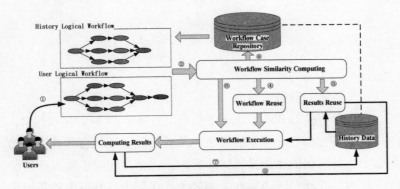

图 7-3 工作流重用流程

　　虽然两次工作流完全一致，但由于两次的应用数据不同，故服务资源消耗不同。此时可复用逻辑工作流，节省工作流定制、校验以及存储开销，工作流执行引擎重新执行工作流，并保存运行结果（步骤④、⑦）。

　　（3）历史工作流案例是为当前用户工作流的子流程，且两次应用的数据输入也相同。

　　复用历史工作流案例的运行结果，工作流不再依靠代码驱动，借助数据驱动的执行策略，从而实现局部运行数据的协同与共享（步骤⑤、⑦、⑧）。

　　（4）历史工作流案例是为当前用户工作流的子流程，但两次应用的数据输入不相同。复用历史逻辑工作流，降低局部逻辑工作流的验证开销，执行工作流保存运行结果，并注册新的工作流案例（步骤④、⑦、⑧）。

　　（5）当前用户工作流与历史案例不具有任何相似性。

　　此时历史工作流不存在任何复用性，检测并执行当前工作流，注册新工作流案例，保存运行结果（步骤⑥、⑦、⑧）。

## 7.4 案例分析

　　（1）校园心理健康评估

　　通过分析校园 BBS、Blog 等信息交互平台的 Web 文本信息，挖掘其中具有心理导向型的文字，从而实现心理状态的评估。然而由于受到网络快速传播载体的影响，评估过程除了重点分析一些具有明显心理导向的 Web 文本之外，还需考虑网络中的其他个体对于该文本的看法和观点，从而对其影响范围与程度予以全面界定，极大地提高了应用的复杂性。

在实际应用过程中，根据实际评估需要，在服务组件库中查询并选择文本分类、主题检测与追踪、文本倾向性分析以及警度计算服务组件，确认选中服务组件可用性后，即开始定制逻辑工作流。针对具体评估内容确定工作流程（见图 7-4）：

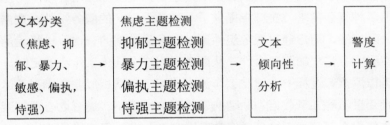

**图 7-4　工作流实例**

借助的服务组件元数据分析，对相关组件输入和输出的接口进行关联验证，并初步建立工作流。最后，以特定页面作为工作流测试用例，实现工作流测试。

（2）校园心理健康态势分析

心理健康态势分析是对校园网络中多次连续心理健康程度评估的总结。实际应用过程中心理健康评估工作流与态势分析工作流可能存在两种复用形式。

（1）两次应用的数据输入相同时，心理健康评估工作流可作为态势分析工作流的子流程，可复用其运行结果，以数据驱动工作流执行，实现局部运行数据的协同与共享。

（2）两次应用的数据输入不同时，两工作流不具备数据复用性，可复用心理健康评估逻辑工作流，降低局部逻辑工作流的验证开销。

★  实例小结

本实例分析了云计算以及校园心理评估的应用特点，将心理评估过程中的大规模数据密集型应用与云计算"集中资源、分散服务"的服务理念相结合，着重阐述了服务组件元数据表示、工作流定制以及工作流的执行策略，意在满足实际应用环境中用户的多种复杂需求。实例中提供了一种基于 RDF 的服务组件元数据表示方法，用户通过服务组件库中服务元数据的查询，选择满足实际业务需求的服务组件，从而实现用户个性化工作流的定制。工作流执行过程中，建立工作流案例库，复用相似业务流程及运行结果，确立以数据为驱动的工作流执行策略。最后以心理健康评估和心理健康态势分析作为应用实例，将服务流程具体化。

校园心理健康监测中涉及如心理分析、心理推理、心理人群聚类等多种面向数据密集型应用的应用软件服务。本系统在充分考虑各个应用服务自满足式应用的同时，重点对服务表示、工作流定制、工作流执行等过程进行重点描述。不同于传统面向消息传递的模块响应方式，本系统采用基于语义的服务构件调用机制，很好地提高了系统的易用性，具有很好的实用价值。

在今后工作中，还可以将进一步优化服务组件的知识表示，改善服务组件库的语义查询机制，提高以数据为驱动的并发工作流执行效率，最终实现领域云计算应用标准。

# 习　题

1. 说明云计算架构在数据密集型应用中主要特点与优势。

2. 在服务组件表示与工作流定制过程中，如何保证各组件接口衔接的有效性，云计算中组件连接与传统基于消息传递的组件连接有什么不同。

3. 结合实际应用，试列举一种云计算架构应用实例。

# 第 8 章　协同计算示范应用

**本章重点**

- 协同计算的数据特点
- 协同计算的工作流程
- 协同计算的计算流程

# 8.1 数据特点及模型概述

　　网络文化是近年来互联网中的一项热点话题，是指互联网络中以文字、声音、图像等形态表现出的文化成果，其丰富性、开放性、娱乐性为广大网民所日益接纳。由此而引发的对于网络文化中不良警情的监控受到越来越多专家和学者的关注。

　　对于网络文化中警情的监控和管理有别于其他网外文化，其多样的数据表现形式和复杂的数据特点给警情分析带来极大困难：第一，警情蕴涵于繁杂、海量的网络数据中，数据形式不再局限于规范化的文字，口语化、符号化的网络语言已成为当今互联网中不可或缺的数据表现形式。丰富的数据表现形式给警情发现带来极大不便。第二，因袭了互联网速度快、覆盖面广的特点，警情的产生往往不会仅仅集中于某一网域或某一话题，多网域间众多相关话题的汇集构成一个网络警情主题。第三，作为全球最大的数据源，互联网每一秒中都蕴涵着数以千万次的数据更新，网络主题内容也随之不断改变。网络数据发展变化所具有的高频率、短时效特点，给网络警情的跟踪带来了前所未有的困难。

基于上述特点，本章提出了一种基于协同计算的网络文化警情评估模型（简称 CNAE）。模型在对局部网域内警情评估同时，兼顾网域间内容的协同调度，从全局的角度对网络文化警情予以分析。借助案例知识库，CNAE 对 Web 文本中可能蕴涵的警情信息进行挖掘，通过局部案例知识库间警情案例的分发调度，实现局部知识的逐步优化，有效地避免了传统警情监控系统对于局部警情扩散问题上的不足，大大提高全局范围内警情发现的速度。在对页面警度评估的过程中，CNAE 综合考虑页面内容与页面链接的共同影响，通过调度各监控网域中具有链接关系的页面警度，进一步提高警情评估的准确率，为相关部门进一步决策分析提供有力的数据保证。

# 8.2 工作流程

CNAE 在设计过程中充分考虑了网络文化警情域间传播的关联特性，兼顾不同网域间 Web 文本信息及页面链接的警情相互影响，实时动态地对网域警情予以评估。其中通过目标文本中警情案例匹配程度的统计分析，实现各警情案例知识库间高频案例的分发调度，改善了警情监控的区域局限性，提高了系统的警情快速发现能力。而页面链接的警情影响则借助相应网域中关联页面警度实时调用得以实现。模型很好地适应了网络警情的突发性和快速性，在保证警度评估正确性的同时，摆脱了评估过程对于局部警情的过度依赖，为实现网络警情的快速发现奠定了基础。具

体工作流程如图 8-1 所示。模型由页面规范化处理、Web 文本警
度计算、链接页面警度评估、Web 站点警度计算四部分组成。

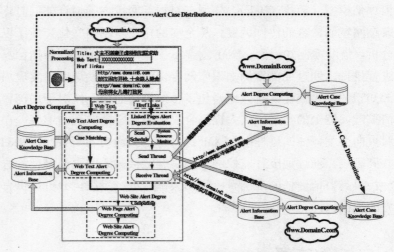

图 8-1　基于协同计算的网络文化警情评估模型工作流程

（1）Web 页面规范化处理

作为警度计算数据预处理部分，Web 页面规范化处理通过干
扰信息过滤和 Web 页面结构化信息转换两部分得以实现。干扰信
息过滤，即过滤掉 Web 页面源码中页面脚本、样式表等与页面内
容无关的信息，为进一步内容信息抽取提供方便。Web 页面结构
化信息转换，则通过对 HTML 标记对的匹配分析，抽取出页面
Title、正文、页面链接及链接文字，并对其进行基于 XML 格式转
换。

（2）Web 内容警度计算

所谓案例是对一类相似性问题的典型性总结。通过对警情历

史案例的分析可获得警情信息的先验知识，从而实现警情信息自动发现。CNAE 借助警情案例知识库，对 Web 文本中可能蕴涵的警情信息予以挖掘，通过目标文本中警情案例匹配情况的统计分析，对局部案例知识库间高频案例予以分发调度，进而实现局部知识的逐步优化。

借助于 RDF 出色的资源描述能力，CNAE 对目标警情进行基于 RDF 的案例知识表示。警情案例三元组具体表示如下：

$$\text{Alert Case}=<\text{Subject, Predicate, Object}> \qquad (8\text{-}1)$$

Subject 表示案例主体，Object 表示案例客体，Predicate 表示谓词，即案例主体与案例客体间的二元关系。根据模型实际抽取需要，定义原因、施动者、受动者、行为以及结果五种谓词。为了增强案例属性客体的知识表达能力，模型中案例属性客体以资源包的形式存在，且每一个客体由一系列具有相似语义特征的文本所组成。

（3）链接页面警度评估

在 Web 页面警度的计算过程中，CNAE 不再单纯依赖于页面文本的警度影响，充分考虑到链接页面可能存在的警情信息，通过对相应网域的警情信息库中关联页面警度的实时获取，更加全面地实现网络警情的评估与发现。

（4）网域警度计算

CNAE 以网域作为网络文化警情评估基本单元，凭借对主要校园 BBS 站点的警情监控分析，从而实现基于协同计算的校园网络文化警情评估。这里 CNAE 通过对一定时间范围内站点中页面警度及警情页面比例的统计与分析，对网域警情予以评估和发现。

## 8.3 协同计算流程

如图 8-2 所示，CNAE 对网络警情计算过程中所需数据及其依赖关系逐层分解，从数据依赖和计算流程两方面对协同环境下网络警情评估策略予以描述。其中 Web 站点警度依赖于站点中页面警情发展情况，而页面警情的发展又应从页面文本信息和链接页面两方面予以考虑。

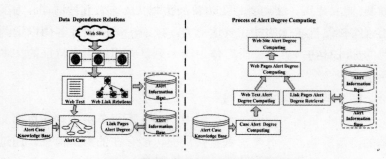

**图 8-2 数据依赖关系和警度计算过程**

借助警情案例知识库，CNAE 对页面文本中可能蕴涵的警情信息予以案例匹配计算，通过案例匹配情况以及案例自身警情的分析，实现对页面文本警度的评估。链接页面的警度影响则需要借助相应网域的警情信息库中关联页面警度的实时调用得以实现。

（1）页面规范化处理

CNAE 通过对 Web 页面 HTML 标记对的分析，在对页面中无关噪声信息过滤的同时，实现页面核心内容的抽取。CNAE 在 Web 信息规范化处理过程中定义了五种标记符（标记开始符、标记结束符、文本、过滤标记符和链接标记符）。

其中标记开始符表示形如<html>、<body>以及<table>等 HTML 起始标记，与之相对应的是标记结束符，例如</html>、</body>以及</table>等。标记开始符和标记结束符两两对应，这一点与 XML 语法相似，故可以实现由 HTML 标记向 XML 的数据类型转换。文本标记不同于其他标记，没有结束符与之对应，且只能出现在 ">" 和 "<" 之间 。过滤标记符是为了去处页面噪声信息（如页面脚本语言、样式表等）而设定的，本着所有 HTML 标记成对出现的特点，通过去除两过滤标记符中的内容，有效实现页面无关信息的过滤。链接标记符的识别，在抽取页面中 URL 链接信息同时，获取相应链接文字。最后，CNAE 将 HTML 页面中有效信息进行基于 XML 标记树的类型转换，具体转换过程如图 8-3 所示。

**图 8-3 页面标记序列和标记树**

（2）Web 文本警度计算

借助 RDF 灵活的知识表示能力，CNAE 通过对可能的警情信息予以案例知识表示，并通过案例知识与目标文本间实际的匹配情况分析，对 Web 文本警度进行评估。评估过程中，模型考虑到网络警情动态变化对于案例的影响，根据案例实际匹配状况，实时调整案例警度，保障了 Web 文本警度评估的合理性。

（3）警情案例表示

设警情案例 A，具体警情案例表示三元组如表 8-1 所示。

**表 8-1 案例表示三元组**

| 案例主体 | 案例谓词 | 案例客体内容 |
|---|---|---|
| URI | 属性 | 文本 |
| Http://url/caseID | 原因 | 受到批评 |
| | 施动者 | 学生 |
| | 受动者 | 老师 |
| | 行为 | 殴打 |
| | 结果 | 多处骨折 |

其中，案例主体可以由 URI（Http://url/caseID）唯一定位。受到批评、学生、老师、殴打和多处骨折分别代表五种谓词所对应的案例属性客体中的五个特征文本，案例可视化实例如图 8-4 所示。

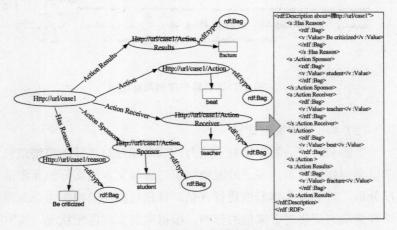

**图 8-4 基于 RDF 案例知识表示实例图**

案例资源以椭圆形结点表示，特征文本以矩形结点表示，而箭头则代表主体与客体间的具体属性，箭头方向是从主体指向客体。所有属性客体均被表示为资源包形式，且随着其中所蕴涵特征文本数量的增多，案例属性客体将具有更强的知识表达能力，从而扩大整个案例知识所能表达的语义范围。

（4）案例警度评估

设给定案例 A，CNAE 通过案例历史警度以及当前案例与目标文本间匹配情况分析，对案例警度动态调整，具体计算形式如下：

$$\text{CaseAlert}(A,t+1)=f(\text{CaseAlert}(A,t),\text{Match}(A,t,t+1)) \quad (8\text{-}2)$$

其中 $CaseAlertDegree(A,t)$ 和 $CaseAlertDegree(A,t+1)$ 分别表示 t 和 t+1 时刻案例 A 的警度，$Match(A,t,t+1)$ 表示 t 到 t+1 时间间隔内案例 A 的实际匹配状况。

将式（8-2）中 $Match(A,t,t+1)$ 进一步展开，如式（8-3）所示，通过对案例匹配的波动幅度的分析，借助指数函数将案例匹配过程对于案例警度可能出现的影响限定在 [0，1] 区间范围内。

$$\text{Match}(A,t,t+1)=e^{-|P(A,\Delta t)|}=e^{-\left|\frac{\text{Match}(A,t+1)-\text{Match}(A,t)}{\text{Match}(A,t)}\right|} \quad (8\text{-}3)$$

其中 $P(A,\Delta t)$ 表示一定时间间隔内案例匹配的变化程度，而且随着案例匹配程度的不断增加，对于案例警度的影响程度逐渐减小。

下面分别对匹配过程中可能出现三种情况予以讨论：

① 当案例匹配程度升高，即 $P(A,\Delta t)>0$ 时，则案例警度随着其匹配程度的升高而增加。计算形式见式（8-4）。

$$\text{CaseAlert}(A,t+1)=[1-\text{Match}(A,t,t+1)]\times[1-\text{CaseAlert}(A,t)]+\text{CaseAlert}(A,t) \quad (8\text{-}4)$$

其中，为了保证警度增加的一致性，案例警度的增加幅度应与案例匹配程度的上升比例保持一致。

② 当案例匹配程度保持恒定，即 $P(A,\Delta t)=0$ 时，则案例的匹配情况未对案例警度产生影响，则案例警度保持不变，计算形式见式（8-5）。

$$\text{CaseAlert}(A,t+1)=\text{CaseAlert}(A,t) \tag{8-5}$$

③ 当案例匹配程度降低，即 $P(A,\Delta t)<0$ 时，则案例警度随着其匹配程度的降低而减少。计算形式见式（8-6）。

$$\text{CaseAlert}(A,t+1)=\text{Match}(A,t,t+1)\times\text{CaseAlert}(A,t) \tag{8-6}$$

案例警度减小幅度与案例匹配程度下降比例保持一致。

为了保证案例警度迭代计算的顺利进行，CNAE 为每一个警情案例预先设置了初始警度，初始警度计算方法如下：

$$\text{CaseAlert}(A,t_0)=\frac{\sum_{i=1}^{m}e^{-w_i}}{m} \tag{8-7}$$

其中 m 表示案例A中特征文本的数量，$w_i$ 表示第 i 个特征文本的警度值，则警情案例初始警度等于案例中所包含的所有特征文本警度的平均值。

（5）高频案例协同策略

CNAE 通过警情分析过程中案例匹配情况的统计分析，对各局部警情监控点中高频案例进行分发调度，在促进局部知识逐步优化的同时，有效地提高了局部突发警情的发现效率。设给定案例 $\beta$，$SubKB_{DomainA}$，$SubKB_{DomainB}$ 分别表示 DomainA 和 DomainB 所对应的警情案例知识集，且 $\beta \in SubKB_{DomainB}$，其中 DomainB 表示案例发送网域，DomainA 案例接收网域，间隔时间 T，案例匹配度阈值 $Th_{CaseMatching}$。

表 8-1　高频案例分发算法

| 输入 | 高频案例 $\beta, SubKB_{DomainA}, SubKB_{DomainB}, T, Th_{CaseMatching}, SendList_{DomainB}$ |
|------|---------------------------------------------------------------------------------------------|
| 输出 | 目标警情案例集 $SubKB_{DomainA}$ |
| 步骤 1 | $SendList_{DomainB} \leftarrow \Phi$，$i \leftarrow 1, j \leftarrow 1, k \leftarrow 1, m \leftarrow 1$ |
| 步骤 2 | 案例发送：<br>每隔时间 $T$，循环遍历 $SubKB_{DomainB}$ 中所有案例<br>if（$Match(\beta, t) > Th_{CaseMatching}$）　// 高频案例判断<br>then　$\beta \rightarrow SendList_{DomainB}$；　　//进入发送列表<br>以广播的形式发送案例到各监控节点； |
| 步骤 3 | 案例相似性查询(以 $DomainA$ 为例)：<br>接收案例 $\beta$；<br>循环遍历 $SubKB_{DomainA}$ 中所有案例；<br>if($\beta \in SubKB_{DomainA}$)　　　// 案例查找<br>then $Upgrade\ \beta.matching\ from\ SubKB_{DomainA}$　//更新案例 $\beta$ 的匹配度<br>else　$Insert\ \beta\ into\ SubKB_{DomainA}$；　// 追加新案例 |
| 步骤 4 | return $SubKB_{DomainA}$；　//输出目标警情案例集 |

（6）链接页面警度评估

　　针对网络警情发展速度快、覆盖范围广的数据特点，CNAE 考虑链接页面对于网络警情可能产生的影响，通过获取其他监控网域中具有链接关系的页面警度，实现网络协同环境下的警情计算与评估。

　　设 $W_{Link} = <URL_{Link_1}, URL_{Link\ 2}, ..., URL_{Link_t}>$ 表示页面 W 中页面链接集合，其中 $URL_{Link_t}$ 表示页面 W 的第 t 个链接。给定监控网域列表 $Domain = <URL_{Domain_1}, URL_{Domain_2}, ..., URL_{Domain_p}>$，通过对页面链接所属域名进行分析，进一步确定需要获取的链接页面链表 $W_{Links'}$，其中

$W_{Links'} = <URL_{domainlinks_1}, URL_{domainlinks_2}, ..., URL_{domainlinks_i}, ..., URL_{domainlinks_k} > (k \leq p)$，$URL_{domainlinks_i}$ 表示需要向第 i 个监控网域获取的页面链接链表。

为了避免协同计算过程中，由于页面间链接依赖所导致的死锁问题，CNAE 借助局部警情信息库，对各监控网域范围内所有页面历史警度分别予以保存，通过调用信息库中最近一次的警情结果，从而实现对链接页面警情最新影响程度的获取，如式（8-8）所示。由于页面警度的计算受到来自多方面链接警情的共同影响，故少数局部警情更新不及时并不会对目标页面警度的整体发展趋势造成决定性影响。

$$PagesAlertDegree(URL_{Link_j}) = PagesAlertDegree(URL_{Link_j}, \text{Max}(t)) \quad (8-8)$$

式（8-9）中综合考虑各链接页面的警度影响，利用算术平均数进一步将链接页面警度影响保持在[0，1]区间范围内。

$$LinkedPagesAD(\text{W}, t) = \frac{\sum_{j=1}^{t} PAD(URL_{Link_j})}{t} \quad (8-9)$$

其中 t 表示属于监控范围内的有效链接页面数（其中包括网域内部链接），$PagesAlertDegree(URL_{Link_j})$ 表示 t 时刻页面 W 中第 j 个有效链接页面的警度。

（7）网域警度

CNAE 通过对页面文本以及页面链接的综合考虑，对目标页面警度进行综合分析，最后通过对网域范围内警情页面的统计，从而实现网域警情的评估。

如式（8-10）所示，初始条件下页面警度仅取决于页面中文本信息所蕴涵的警度。其中页面初始警度越高，表示警情传播可能性越大，进而对于其他网页的警情影响力越大。

$$PageAlertDegree(\text{P}, t_0) = CaseAlertDegree(\text{A}, t_0) \quad (8-10)$$

随着监控过程不断进行，页面警情受到页面文本和链接页面的共同影响，CNAE 通过对各项因子平均影响程度的分析，将页面警度规范在 [0，1] 范围内，具体计算方法如式（8-11）所示。

$$PageAlertDegree(\text{W},t) = 1 - e^{\frac{\sum\limits_{i=1}^{k} CaseAlertDegree(i,t) + LinkedPagesAlertDegree(W,t)}{k+1}} \tag{8-11}$$

其中 $CaseAlertDegree(i,t)$ 表示 t 时刻页面 W 中匹配到的第 i 个案例，$LinkedPagesAlertDegree(W,t)$ 表示 t 时刻链接页面对于 W 的警情影响，k 表示 t 时刻页面 W 中的案例匹配数。协同计算过程中，任意一项警情影响因子的上升，都会导致页面警度增强。式（8-12）通过与警限阈值的比较，进一步对页面警情进行定性分析，并对网域中整体警情页面比例进行统计。

$$PAD(\text{W},t) = \begin{cases} \text{Alert} & (PAD(\text{W},t) > \text{Th}) \\ \text{Normal} & (PAD(\text{W},t) \leq \text{Th}) \end{cases} \tag{8-12}$$

最后，CNAE 对监控网域的综合警度予以评估。这里 D 表示某监控网域，p 表示网域 D 中的警情页面的数量，n 表示网域 D 中页面总数。则网域警度的评估依赖于警情页面平均警度以及警情页面比例关系的乘积，如式 8-13 所示。

$$DAD(\text{D}) = 1 - e^{\frac{\text{n} \cdot \sum\limits_{i=1}^{p} PAD(i)}{\text{p}}} \qquad (p \leq n) \tag{8-13}$$

# 习　题

1. 为什么在云计算环境中要发展协同计算，协同计算的研究意义是什么。

2. 协同计算的基本工作流程是什么。

3. 结合实际应用，试列举两种协同计算应用实例。

# 第9章　文件管理示范应用

**本章重点**

- 分布式文件存储应用特点
- 分布式文件存储技术难点

## 9.1 应用特点及模型概述

本系统重点突出云存储及云资源的动态调度，强调用户资源互动，重点研发基于用户行为的资源调度，为多领域科研工作者提供数据共享服务。系统依托云计算平台开放式的 SaaS 设计思想，涉及体育、生态、宗教、经济以及生物特征等多用领域信息，旨在针对科研工作者进行群组性科学调研、文件共享以及结构化数据分析处理等综合需求，建立一套能够满足多领域科学用户 e-Science 云服务平台。系统综合考虑个体用户与群体用户间的多种应用需求（群组性兴趣空间、科学调研、文件共享以及结构化数据分析处理等），在设计过程中采用 XML 作为数据存储格式，依托云计算平台虚拟化存储的设计理念，大大提高系统的水平和垂直扩展能力。

目标群体:适用于各个层次兴趣用户:

（1）一般用户

针对一般性兴趣用户，既可以满足用户对于个人网盘存储空间的需要，同时又可以针对群体性一般用户的共同需求，发起群组性兴趣小组，进行文件共享、数据合并等多种应用需求。

（2）科学用户

旨在针对科研工作者进行群组性科学调研、文件共享以及结构化数据分析处理等综合需求，建立一套能够满足多领域科学用户 e-Science 云服务平台。

## 9.2 可行性分析

截至目前，360、网易、腾讯等主流网络公司均推出了自己的网络云盘应用服务。广大用户可以把自己需要移动的文件上传至网络云盘进行存储，这种形式深受广大用户的喜爱。然而随着云盘用户的不断增加，多用户间文件共享与群体性共同兴趣需求给传统的面向单一用户的文件存储形式提出了新的挑战。

e-Cloud 作为一款针对多用户间文件共享、群体性兴趣需求的云计算平台由此而生。不同于传统的网盘服务，e-Cloud 既保留了传统的个体存储空间，同时又赋予了系统群体性共享空间的概念。系统可以针对用户上传的文件自动推荐可能喜欢的兴趣小组，另一方面，也可以通过分析兴趣小组的兴趣趋向挖掘潜在的用户加入组群。e-Cloud 充分将个体网络云盘、群组空间以及智能文件推荐机制融合于一身，符合目前网络用户的实际需求，具有很高的实用价值。

### 9.2.1 创作意图

本项目将网络云盘、QQ 空间（个人空间、群组空间）等多种应用形式相融合，形成了一种既满足个体应用需求，同时兼顾群体型兴趣喜好的新颖性应用。本项目为每个注册用户提供 5G 的个人存储空间，用户可以将自己的文件予以上传，就这一点而言与网络云盘完全一致。较之更甚，e-Cloud 允许具有相同兴趣爱好的人发起群体空间（50G），群体空间不同于个体空间，不但可以对一些非结构化数据予以存储，而且对于群组中可能发起的结构化数据进行智能合并。对于一些科学用户而言，一组宝贵数据往往来自众多科研工作者的共同努力，群组用户可以将符合同一模板的不同数据上传，系统将自动进行数据校验与合并，从而实现面向多用户的结构化数据采集（对于一些具有共同用户喜好的群组来说，数据往往来自不同用户，这样做可以为群组积累更多的数据）。除此之外，本系统的另一个亮点在于智能用户推荐机制。对于个体用户而言，系统将根据用户所上传的文件推荐其可能感兴趣的群组。对于群组用户而言，系统一方面为群组推荐一些具有相同喜好的个体用户，另一方面，系统还将针对群组用户的多领域喜好，推荐潜在的其他领域群组予以交互，从而实现多领域融合共同发展的 e-Science 理念。

### 9.2.2 技术难点

（1）虚拟化文件存储

作为一套面向智能化存储的 e-Science 云服务平台，e-Cloud 对用户上传非结构化文件予以虚拟化存储。在文件存储过程中，不同于传统文件存储（基于数据库的存储），本系统为了保证系统的分布式可扩展性，以 XML 文件格式作为数据交换和基本配置文件。在实际应用过程中，本系统实时动态获取子节点（虚拟机节点）性能，根据子节点的实际性能动态分配存储资源。整个非结构化文件存储过程中，e-Cloud 针对 CPU 运行效率、内存以及存储空间等因素，动态选派存储节点。整个文件存储对于用户而言均以虚拟化形式体现，用户无须关心文件真实存储节点与形式。

（2）智能群组及个人推荐

为了有效地提高 e-Cloud 的智能化，本系统对个体用户和群体用户均提供智能推荐机制。具体而言，对于个体用户而言，系统将根据用户所上传的文件推荐其可能感兴趣的群组。对于群组用户而言，系统在为群组推荐一些具有相同喜好的个体用户的同时，还将针对群组用户的多领域喜好，推荐潜在的其他领域群组予以交互，从而实现多领域融合共同发展的 e-Science 理念。

（3）开放式 webservice 应用服务

本项目目前而言还属于原型系统，但是为了保证系统的开放性，系统将所有基本服务（例如，文件查询、文件上传、智能推荐等）均采用 webservice 服务机制。开放式 webservice 服务机制保证了本系统今后的可扩展性。系统将多种应用服务分布式部署在不同子节点（虚拟机），有效提高系统的应用实用性。

# 9.3 主要用途及经济价值

e-Cloud 是一款面向 e-Science 应用的云服务平台。该系统可以满足多种用户的多领域应用需求。该系统适用于各种用户，使用范围广，应用服务多种多样（开放式 webservice 可以保证）。e-Cloud 一方面满足了个体用户存储文件的云盘需要，另一方面，e-Cloud 为具有共同兴趣需求的群组性用户提供非结构化文件共享、结构化数据合并/查询。依托智能用户推荐机制，e-Cloud 可以帮助个体用户快速找到可能感兴趣的用户群组，极大地提高了用户的文件共享、交友以及兴趣满足性。

在设计过程中 e-Cloud 充分考虑了用户的交互可能性，其主要趋势在于希望个体用户更多地发现并加入感兴趣的群组。这种基于群组的设计思想，可以极大地扩大平台的交互性、保证应用多种多样、提高系统点击量等。该系统的智能用户推荐机制通过分析个体用户的文件存储，深入挖掘用户可能的兴趣喜好，保证了更多满足用户需求应用的采用可能性。针对目前网站的众多商业形式而言，e-Cloud 适用于多种经济促销模式。

（1）网络游戏

网络游戏的特点在于需要更多的在线用户，而对于一般的交友网站而言，如何推荐正确的网络游戏给正确的客户是制胜的关键。系统针对属于同一个群组的个体用户行为，推荐可能的网络游戏给具有过相似喜好的同一或者相似群组，大大提高推荐的准确度。

（2）广告（提高广告的领域针对性）

一般广告仅仅是对所有用户进行宣传，没有针对性。在本系统的设计过程中，我们访问了大量的学生用户，以"考研"和"出国"两个专题领域而言，其实个体用户希望在一个信息相对集中的领域空间中获得相对准确的信息，这样既可以减少广告媒体的无谓消耗，同时提高领域性广告的推广效果。

（3）信息交易平台/网络交友平台（"物以类聚，人以群分"）

类似于网络游戏中"装备设施"的买卖，基于群体的用户分组机制，极大程度上将用户的喜好与潜在的兴趣予以合并，从而推进针对这些喜好和兴趣所产生的信息交易与交友。俗话说，"物

以类聚，人以群分"，信息交易平台/网络交友平台就是 e-Cloud
群组性设计理念的产物（其中包括网络微博等形式）。

# 9.4 数据格式及用户管理

## 9.4.1 数据格式

主要处理数据格式包括结构化数据和非结构化数据。

结构化数据：主要指存储在数据库中，元数据形式已知的数据，这部分数据根据各领域的实际需要而定。本次开发暂不研发数据登录页面，通过 Excel 数据文件的形式进行数据交互。用户可以上传规范化数据格式的 Excel 文件，由系统自动对数据分拣进行合并与存储，从而实现多用户科学数据共享的目的。

非结构化数据：主要指文件（多种形式文档、图片等），在文件上传过程中需要用户提供文件描述、关键词（3 个）、所属领域等信息，这些信息是为了方便对用户文件进行检索和推荐。

## 9.4.2 用户管理

分为两大类（一般用户和管理员用户），其中一般用户又可分为群组用户和个体用户，下面就每种用户所能进行的功能进行描述。

一般用户类：个体用户。

◆　非结构化文件上传
◆　云盘文件管理
◆　群组查找
◆　智能群组推荐

一般用户类：群组用户。

◆　非结构化文件上传

◆　云盘文件管理

◆　结构化数据导入、查询、管理

◆　智能推荐（群组、个人）

◆　群组用户管理

管理员用户类。

◆　预警公告

◆　虚拟机状态实时监控

这里要对每台虚拟机 CPU 使用率、内存使用率、进程数、存储使用情况以及负载情况进行逐一显示，共设置五个档次（由低到高分别是：绿色、蓝色、粉色、黄色、红色），用户可以根据具体颜色对虚拟机情况进行判断。

◆　应用服务态实时监控

这里要对当前服务正在处理任务量、正在等待处理任务量、部署本服务的各个虚拟机状态等进行实时报告

# 习　　题

1.简述分布式文件存储的优势。

2.试说明分布式文件存储的主要技术难点。

3.结合实际应用，试列举两种分布式文件存储应用实例。

# 第 10 章　e-Science 服务示范应用

**本章重点**

- e-Science 应用的数据特点
- e-Science 服务工作流程
- 领域知识协同与共享流程

## 10.1 数据特点及模型概述

　　e-Science 环境下多领域 Web 文本特征抽取模型的建立旨在利用文本挖掘技术对互联网中海量、异构的 Web 数据予以领域化分类，有效组织并合理利用 Web 数据中的科学信息，建立领域科学数据 e-Science 服务平台。该平台将有效提高信息抽取模型在多领域环境下的可移植性、特征分类以及领域知识的协同与共享能力，为不同领域专家的多种复杂应用提供数据支撑。

　　本章提出一种面向 e-Science 环境的多领域 Web 文本特征抽取模型（简称 e-WTDE）。模型在实现多领域环境下 Web 文本特征发现与抽取同时，兼顾相同领域内部知识的协同与共享，动态追踪各领域事件特征的变化，逐步形成领域特征信息库，为满足多领域环境下的复杂数据应用提供有力保证。具体来说贡献如下：

　　（1）提出一种多领域的 Web 文本特征抽取算法。传统文本特征抽取方法多依赖领域词典实现目标文本的词语切分，这种方法虽形式简单，但局限于特定领域的知识，难以适应多种领域环境下的文本特征抽取。随着领域知识不断更新，一些新产生的词汇难以通过传统方法及时发现。e-WTDE 结合上述不足，将无词典分词技术引入 Web 文本特征发现，摒弃了传统方法对领域词库的依赖，提高模型的可移植性。

（2）建立了一套 Web 文本主题特征动态追踪方法。作为一种 Web 文本特征发现与抽取模型，e-WTDE 定时监控多领域环境下 Web 主题及其所属事件的特征更新，挖掘不同主题事件特征变化及其发展趋势，建立动态领域特征知识库，为多种数据密集型复杂应用提供数据支撑。

（3）提出了一套领域知识协同与共享策略。为了提高模型在 e-Science 环境下知识的利用率，e-WTDE 对局部监控节点所发现的领域事件特征予以抽象化描述，建立区域性领域特征案例（如高频事件特征案例、新事件特征案例等）。e-WTDE 通过不同监控节点间领域特征案例的协同调度，有效促进了领域知识在全局范围内的发现与共享能力。

## 10.2 问题描述和整体架构

作为一种面向 e-Science 环境的多领域文本特征抽取模型，e-WTDE 在设计过程中重点考虑以下三个方面：第一，摆脱领域词典的依赖。多数中文信息抽取模型中领域词典的作用在于切分文本，为特征发现进行数据预处理。但是由于其在数量和更新速度方面的局限性，严重制约了模型对新事件以及最新领域词汇的发现能力，不利于模型移植与推广。无词典分词技术的引入，将有

效提高模型的知识学习能力，更加适用于多领域文本的特征抽取
与发现。第二，追踪事件特征的发展趋势。任何一种事件的存在
都不可能一成不变，伴随着领域知识的发展，事件特征往往会不
断更新。e-WTDE 在检测事件特征的同时，兼顾对特征发展趋势的
追踪，回溯当前特征根源，为多种应用服务（例如事件关联分析、
领域知识脉络挖掘等）提供翔实的数据支撑。第三，促进领域知
识的共享。e-Science 的立意之本在于更为有效地促进众多专家、
学者对科学数据的协同与共享。e-WTDE 结合用户实际需求，建立
多个局部领域数据中心，协同调度各中心最新信息，以此扩大模
型对于局部突发事件在全局范围内的检测速度及知识利用率。

　　e-WTDE 整体架构如图 10-1 所示。模型由多领域 Web 文本特
征发现、主题特征动态追踪以及领域知识的协同与共享三部分组
成。在特征发现与抽取过程中，领域专家可根据实际需要提供目
标文本，模型抽取并选取具有相似特征的 Web 文本。通过主题特
征的不断更新，e-WTDE 动态追踪各领域主题特征变化趋势并逐步
形成区域性多领域数据中心。另外，模型对各局部数据中心主题
特征予以案例抽象，协同调度最新领域特征，促进领域知识在全
局范围内的发现与共享。

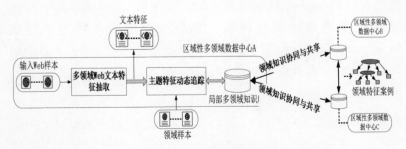

**图 10-1　模型整体架构图**

## 10.3 模型工作流程

### 10.3.1 多领域 Web 文本特征发现

不同于英文，人们以空格作为切分词语的标识符。中文作为一种源于象形文字的语言表达形式，每个字符都可能具有独立的含义，词语间没有明显的分隔标志，必须借助中文分词技术以此实现中文词语自动切分。基于上述原因，大多数领域文本特征抽取模型依赖领域词典，对目标文本进行分词处理。这种方法简单，能够很好地应用于具体领域文本特征发现与抽取，但由于领域词典自身知识结构及更新速度等方面的局限性，不易于多领域环境下推广和移植。

e-WTDE 将无词典分词引入 Web 文本的特征发现，以适应多领域环境实际应用需求。这里给定目标文本 T，领域专家提供的目标样本集 SampleDomain。TList 为目标文本 T 最终输出的特征词串。FreqList 和 SplitWordsList 用于记录目标文本每个字符出现频率及分词结果。$\alpha_i = <Char, Freq>$ 和 $\beta_j = <Word, Freq, Length>$ 分别表示 FreqList 和 SplitWordsList 中第 i 个元素。其中，。为了进一步提高分词准确率，模型设置了一个停用字符集 StopCharacterList，用于存储所有标点符号以及一些无实意的助词辅助分词。具体细节如表 10-1 所示。

**表 10-1　多领域 Web 文本特征抽取算法**

| 输入 | 目标文本 $T$，领域目标样本集，*FreqList*，*SplitWordsList*，*StopCharacterList*，$\alpha_i$ 和 $\beta_j$ |
|---|---|
| 输出 | *TList* 特征词汇列表 |
| 步骤 1 | 计算每个字符出现频率 |
| | For each character $C$ of $T$ |
| | $\{\alpha_i.char = C$　;　$\alpha_i.freq = 1$;　Insert $\alpha_i$ into *FreqList* |
| | if($\alpha_i \in$ *StopCharacterList*) $\{\alpha_i.freq = 1\}$ |
| | elseif(($\exists \omega \in$ Reverse (*FreqList*))&&($\omega == \alpha_i.char$)) |
| | $\{\alpha_i.freq = \omega.freq+1\}\}$ |
| 步骤 2 | 切分词语 |
| | For each node $\alpha_i$ of *FreqList*$\{$ While($\alpha_i.freq > 1$) |
| | $\{\beta_j.length++$;　$\beta_j.word +=\alpha_i.char$;　i++;$\}$ i=j; j++; i++$\}$ |
| 步骤 3 | 抽取特征词串 |
| | For each node $\beta_j$ of *SplitWordsList* |
| | $\{$if($\beta_j \subseteq \beta_k$)$\{\beta_j.freq++$; |
| | if($\beta_j.word == \beta_k.word$)$\{$ remove $\beta_k$ from *SplitWordsList* $\}\}\}$ |
| 步骤 4 | 输出特征词串 |
| | *TList*←*{Order SplitWordsList by freq and length}* |
| | Return *TList* |

步骤 1 中，模型首先统计文本 T 中的字符频率，为后续词语切分做准备。然而对于停用集中所出现的字符，始终保持频度为 1。步骤 2 以字符为基本处理单位，逐一抽取以该字符为起点，

以频度为 1 的字符为终点间的字符串，并记录其长度。步骤 3 统计每个字符串的出现频度。对于具有包含关系的字符串，子集词串频度加 1；而对于两相同字符串，字串频度加 1，并去除重复。最后按照出现频度及其长度对特征词串进行降序排列。当两词串具有相同频度，优先输出长度较长者。

表 10-2 中分别给出"化学"、"生物"两个领域 Web 文本用于验证算法有效性。样例验证过程中，模型在不借助任何领域专业词典情况下，能够有效地发现如"蒸发器"、"尿素"、"光合作用"、"叶绿素"等隶属于不同领域的特征词汇，有力地增强模型对于领域新词的抽取与发现能力，为进一步主题特征的分类与追踪奠定基础。

表 10-2 多领域 Web 文本特征抽取实例

| 领域 | 化学领域 | 植物领域 |
|---|---|---|
| 样例 | 某化肥厂尿素生产工艺采用水溶液全循环法，原料经合成、分离、蒸发、造粒工序生产出成品尿素。在蒸发过程中，二段蒸发器采用单流型膜式蒸发器，它由长的列管式换热器和顶部设置的分离器组成。 | 绿色植物是利用空气中的二氧化碳、阳光、泥土中的水分及矿物质来为自己制造食物，整个过程名为"光合作用"，而所需的阳光则被叶子内的绿色元素吸收，这一种绿色元素就是叶绿素。叶绿素：光合作用膜中的绿色色素，它是光合作用中捕获光的主要成分。 |
| 特征 | 蒸发、蒸发器、尿素、生产、采用、分离 | 绿色、光合作用、绿色元素、叶绿素、色素、阳光 |

### 10.3.2 主题特征动态追踪

互联网中任意 Web 主题可由一个或多个具体事件组成，众多具体事件的共性特征决定着主题特征。主题特征发现与追踪就是通过对具体事件特征的分析，挖掘其中共性与个性部分的更新状态，从而实现对主题特征趋势走向的回溯。

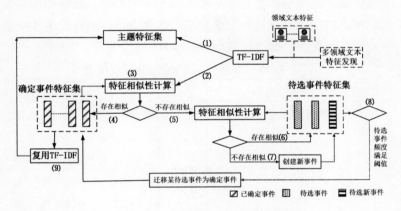

**图 10-2 主题特征发现与追踪流程**

实际计算过程中，e-WTDE 将 TF-IDF 算法[14]引入主题特征发现过程中。TF-IDF 算法的设计理念是通过计算相对词频的办法，过滤掉一些众多文档中均存在而绝对词频又很高的词语。这些词语往往不具有明显的主题特征，对于目标文本分类不起实际作用。e-WTDE 有效利用了 TF-IDF 这一过滤共性特征的思想，对 Web 文本主题及事件特征进行分类。不同于传统的 TF-IDF 应用模型（以分词后的目标文本作为模型输入），e-WTDE 基于对多领域文本特征的抽取与分析，将目标文本的特征词串作为输入条件，借助 TF-IDF 相对频度的计算思想，对测试样本集中共性特征（即主题特征）及个性特征（即事件特征）予以分类。

　　用 TF-IDF 算法，e-WTDE 有效地将目标样本集中的共性与个性特征词串予以分类，初步建立领域主题与领域事件特征集，如图 10-2 中步骤(1)、步骤(2)所示。为了进一步追踪主题事件的发生及发展趋势，计算过程中模型将领域事件特征集划分为确定事件特征集和待选事件特征集两种，用于分别存储已经能够确定发生的事件特征以及一些处于萌芽期的事件特征。当待选事件满足一定出现频度后，即可迁移为确定事件。

表 10-3　主题特征发现与追踪流程描述

| 步骤 | 流程内容 | 步骤 | 流程内容 |
|---|---|---|---|
| (1) | 主题特征分离 | (6) | 若存在待选事件与目标事件相似，则更新待选事件出现频度，并更新其特征词串 |
| (2) | 事件特征分离 | (7) | 若不存在任一待选事件与之相似，则创建待选新事件，并记录其特征词串 |
| (3) | 目标事件特征与确定事件特征集相似性计算 | (8) | 当待选事件满足出现频度时，迁移该事件为确定事件 |
| (4) | 若存在某事件特征与目标事件相似，则更新该事件出现频度及特征词 | (9) | 定时复用 TF-IDF 算法，抽取确定事件中的共性特征，追加至主题特征集 |
| (5) | 若不存在事件与目标事件相似，则计算是否存在待选事件与之相似 | | |

设 $\alpha$ 为目标文本 T 中某特征词串，$f_\alpha$ 代表 $\alpha$ 在 T 中的出现频率，$f_{\alpha,i}$ 代表 $\alpha$ 在样本集第 i 篇文档中的出现频率，N 为本次测试样本集总量，n 为包含特征 $\alpha$ 的样本数量，$Th$ 为预先设定阈值。具体计算方法如式（10-1）所示：

$$\frac{f_\alpha}{\sum_{i=1}^{N} f_{\alpha,i}} \times \log(N/n) = \begin{cases} TopicFeature & (\text{less than Th}) \\ EventFeature & (\text{greater than Th}) \end{cases} \quad (10\text{-}1)$$

设 $\alpha_{TList}$ 为某确定事件特征向量，$\beta_{TList}$ 为目标事件特征向量，$\theta_{TList}$ 为某待选事件特征向量。其中 $\omega$，$\psi$，$\gamma$ 分别表示上述三种特征向量中某特征词串。$New_{TList}$ 为可能发现的新事件特征向量，$\varphi$ 为 $New_{TList}$ 中某特征词串，分别对如下三种情况进行讨论：

（1）当 $\exists \alpha_{TList}$ 相似于 $\beta_{TList}$ 时，存在一定数量的 $\omega.word = \psi.word$，则更新所有满足条件特征词串出现频率同时（$\omega.freq = \omega.freq + \psi.freq$），确定事件 $\alpha_{TList}$ 增加一个频度（$\alpha_{TList}.freq++$）。

（2）当 $\forall \alpha_{TList}$ 均不相似于 $\beta_{TList}$，且 $\exists \theta_{TList}$ 相似于 $\beta_{TList}$ 时，则分别更新待选事件 $\beta_{TList}$ 和特征词串 $\gamma$ 的出现频率（$\gamma.freq = \gamma.freq + \psi.freq$，$\theta_{TList}.freq++$）。

（3）当 $\forall \alpha_{TList}$ 不相似于 $\beta_{TList}$，且 $\forall \theta_{TList}$ 也不相似于 $\beta_{TList}$ 时，则创建新的待选事件特征向量 $New_{TList}$，并初始化相应数据（$\varphi.freq = \psi.freq$，$\varphi.word = \psi.word$，$New_{TList}.freq = 1$）。

在待选事件特征集的不断更新过程中，当存在某待选事件频度大于阈值时（即 $\exists \theta_{TList}.freq \geq Th$），迁移该向量为确定事件向量 $\theta_{TList} \to \alpha_{TList}$。随着确定事件集的增加，为了保证主题特征发现与追踪的实时性，e-WTDE 定时复用 TF-IDF 算法对确定特征集中的共性特征进行二次挖掘，有力提高模型对主题特征的学习能力。

### 10.3.3 领域知识协同与共享

实际应用过程中领域专家往往期望通过 e-Science 平台获取到更多的领域信息，以满足其多样的应用需求。针对这一特点，e-WTDE 将各区域性领域数据中心中所发生局部事件进行资源描述与案例抽象，协同调度分布式监控网络中的局部领域案例，有力地提高模型对领域知识的利用率及局部主题事件在全局范围内的检测能力。

（1）领域案例特征表示

图 10-3 中给出具体实例并予以图形化表示。这里案例资源以椭圆形结点表示，特征文本以矩形结点表示，而箭头则代表主体与客体间的具体属性，箭头方向是从主体指向客体。其中，两种资源主题分别由 URI 唯一定位，且两资源体主体间存在"Has Feature Words"二元关联。"45"、"2008-08-11 14:29:23"、"叶绿素"分别代表三种与案例主体直接连接的客体属性，而如"叶绿素"、"光合作用"、"阳光"等特征词汇则以资源包的形式隶属于资源主体。

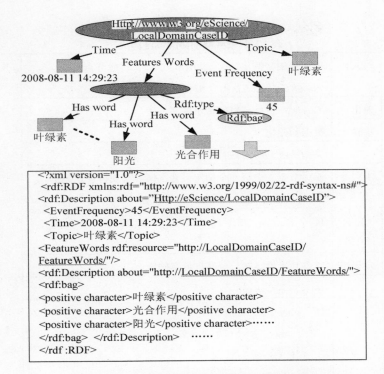

**图 10-3 基于 RDF 的区域性领域知识案例表示实例**

（2）领域案例协同调度算法

　　基于对各区域性数据中心中确定事件的案例表示，e-WTDE 对局部监控节点中满足一定发生频度的事件案例进行协同调度。

　　给定领域事件案例 $\alpha$ 和 $\beta$，$A$ 表示案例发送节点，$B$ 为案例接收节点，$LocalKB_A$，$LocalKB_A$ 分别表示 $A$ 和 $B$ 所对应的确定事件例库。其中 $\alpha \in LocalKB_A$，$\beta \in LocalKB_B$，$\triangle t$ 为时间间隔，$Th$ 和 $Th_{\triangle t}$ 分别表示案例总频度阈值及时间间隔 $\triangle t$ 内频度增量阈值。

## 表 10-4 领域案例协同调度算法

| 输入： | 局部领域案例 $\alpha$，$\beta$，发送节点 $A$，目标节点 $B$，$LocalKB_A$，$LocalKB_B$，时间间隔 $\Delta t$，阈值 $Th$ 和 $Th_{\Delta t}$ |
|---|---|
| 输出： | $LocalKB_B$ 目标节点确定事件案例库 |
| 步骤 1 | 数据初始化 |
| | $SendListA$，$ReceivedListB \leftarrow \phi$ |
| 步骤 2 | 遍历节点 A 中每一个确定事件案例，查找待发送案例 |
| | For each $\alpha$ of $LocalKB_A$ every $\Delta t$ |
| | If（$(\alpha.freq \geq Th)$ \|\| $(\alpha.freq_{\Delta t} \geq Th_{\Delta t})$） |
| | $\{ \alpha -> SendListA ; \}$ |
| 步骤 3 | 节点 B 接收案例，更新目标案例库 |
| | $\alpha -> ReceivedListB ;$ |
| | If（$\alpha.topic \in LocalKB_B$） |
| | $\{$ for each $\beta$ of $LocalKB_B(\alpha.topic)$ |
| | $\{$ if$(\alpha \cong \beta)$ |
| | $\{Upgrade\ \beta.freq\ of\ LocalKB_B ;$ |
| | $Upgrade\ \beta.featurewords\ of\ LocalKB_B ;$ |
| | $\}$else$\{Insert\ \alpha\ into\ a.topic\ of\ LocalKB_B\} \}$ |
| | $\}$Else$\{Create\ new\ topic\ \gamma\ in\ LocalKB_B ;$ |
| | $Insert\ \alpha\ into\ \gamma ; \}$ |
| 步骤 4 | 返回目标案例库 |
| | Return $LocalKB_B ;$ |

具体算法如表 10-4 所示，步骤 2 中模型定时遍历发送节点 A 中所有确定事件案例，挖掘总发生频度或单位时间间隔内发生频

度满足预先设定阈值的领域事件，以广播的形式向其他节点发送区域性领域案例 $\alpha$。步骤 3 中目标节点 B 接收案例 $\alpha$ 后，检测目标案例库中是否存在案例 $\alpha$ 所属领域主题。若存在则进一步遍历该主题下所有领域事件，查找与之相似事件案例。其中对于相似领域案例 $\alpha$、$\beta$，合并其特征词汇并更新案例 $\beta$ 发生频度；反之，则向该主题添加新领域事件。若目标案例库中不存在任意主题符合案例 $\alpha$，则为该案例创建新的主题。

## 10.4　系统验证

### 10.4.1　实验设计和原型系统

为了进一步验证模型性能，实验中我们利用网络爬虫技术大规模采集 2005 至 2008 年间中国全文期刊中生物、医疗、机械、材料四种领域在内的 150000 余篇科技学术论文摘要，构建面向多领域的学术论文主题特征测试集（Multi-domain Academic Topic Feature Testing Corpus, MATF）。实验通过多领域特征抽取、主题特征追踪以及领域知识协同调度的有效性验证，进一步证明模型的实际应用效果。MATF 测试集信息如表 10-5 所示。

表 10-5　多领域学术论文摘要测试集

| 领域 | 主题数 | 事件数 | 样本总量 |
| --- | --- | --- | --- |
| 生物 | 4 | 64 | 50444 |
| 医疗 | 3 | 52 | 21992 |
| 机械 | 3 | 61 | 23088 |
| 材料 | 4 | 75 | 55304 |

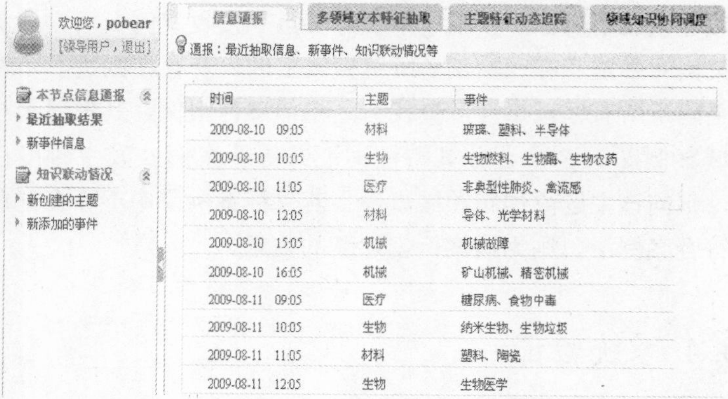

**图 10-4 多领域科技文献摘要的分布式文本特征抽取系统**

　　如图 10-4 所示，我们开发了一套面向多领域科技文献摘要的分布式文本特征抽取系统。该系统包括信息通报、多领域文本特征抽取、主题特征动态追踪、领域知识协同调度四项主要功能。实际应用过程中，系统不仅有效地实现了不同领域文本特征的抽取，同时通过不同监控节点间领域知识的协同调度，提高了其在 e-Science 环境下的全局特征发现能力。

### 10.4.2 英文摘要抽取

　　实验 1：多领域特征抽取有效性实验

　　验证实验中，模型随机采样 MATF 中四个不同领域（生物、医疗、机械、材料）科技文献摘要 600 篇作为模型输入。通过与绝对词频统计模型（简称 WF）及 tf-idf 模型在准确率（Precision）、召回率（Recall）和 F-指标（F-measure）三方面的对比分析，评估模型特征抽取的有效性。其中上述两种模型均采用 JE 分词技术实现中文文本切分。

实验结果表明：e-WTDE 将无词典分词技术引入多领域文本特征的发现过程，提高了模型对于多领域特征的识别能力，具有一定实用价值。

如表 10-6 所示，WF 与 TF-IDF 是两种基于中文分词的特征抽取模型。模型原理简单易操作，但由于受到分词词典的限制，不能有效实现多领域词汇切分，严重地影响了整个模型的准确率（WF 准确率 49.3%，TF-IDF 准确率 61.2%）。无词典分词技术的引入，使得 e-WTDE 摆脱了领域词典的依赖，提高模型对多领域环境的适应能力及可移植性（准确率 74.2%，召回率 71.5%）。

**表 10-6　文本特征抽取对比测试**

| 方法 | 准确率 | 召回率 | F 指标 |
|--------|--------|--------|--------|
| WF | 49.3% | 37.2% | 42.40% |
| TF-IDF | 61.2% | 58.6% | 59.87% |
| e-WTDE | 74.2% | 71.5% | 72.82% |

实验 2：主题特征动态追踪实验

e-WTDE 中主题特征追踪的目的在于通过对不同领域事件文本特征的抽取，分类领域主题及事件特征，发现最新领域事件，挖掘不同主题事件特征变化及其发展趋势，为进一步事件态势预测提供数据支撑。

实验中原型系统依次输入 MATF 中 2005 至 2008 年间 "材料科学" 领域文献摘要，动态抽取并分类历年所涉及的领域主题及具体事件特征，统计不同主题下具体事件发生频度，从侧面反映科研工作者对具体学术主题事件的关注程度走向。如图 10-5 所示，选取"无机非金属材料"主题下"玻璃"、"陶瓷"、"水泥"及"半导体"四种具体事件作为监控目标，追踪其发展趋势。其中，随着时间推移四项主题事件呈现整体上升态势，"水泥"增幅最大（年平均增幅达到 13.15%），"半导体"浮动最小（年平均增幅仅为 3.56%），"陶瓷"在 2007 至 2008 年出现一定幅度下降，降幅达到 17.29%。

实验结果表明：模型有效地实现了领域主题及具体事件的特征分类，动态更新各领域事件特征，挖掘事件态势走向，对多领域环境下主题事件的趋势预测有着极为重要的意义。

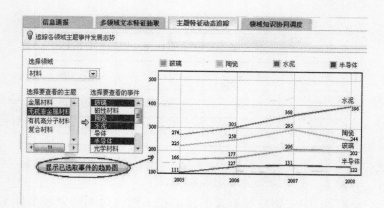

图 10-5 主题特征追踪实验

实验 3：领域知识协同调度验证实验

在多领域协同环境下，领域知识的协同与共享将有效提高系统的知识利用率，扩大局部领域知识在全局范围内的 e-Science

共享能力。验证试验中，系统分三次对各部署节点的领域案例类别及数量进行监控。表 10-7 中，分别部署两节点用于独立处理 MATF 中"机械"和"生物"两类主题事件。各节点完全依靠系统自身的知识协同能力，对满足一定阈值增量的领域事件案例进行调度，从而实现对其他领域知识的学习和共享。

表 10-7　领域知识协同调度数据输入表

| 时间 | 部署节点 1 | | 部署节点 2 | |
|---|---|---|---|---|
| | "机械"事件增量 | "生物"事件增量 | "机械"事件增量 | "生物"事件增量 |
| 08-14 | 23 | 0 | 0 | 36 |
| 08-15 | 20 | 0 | 0 | 0 |
| 08-16 | 9 | 0 | 0 | 11 |

实验结果表明：模型较好地实现了对局部领域数据的协同调度，增强了领域信息的全局共享能力，扩大了系统对多领域 Web 文本特征的抽取与发现范围，有力地满足了科研工作者对多种领域知识的应用需求。

如图 10-6 所示，伴随着"机械"类事件的不断输入，部署节点 1 对满足一定发生频度的领域事件案例向节点 2 予以协同调度，一个测试周期后（08-15）节点 2 收到来自节点 1 的"机械"领域案例，自动创建"机械"事件特征案例库。当局部监控节点中的领域事件案例发生频度不能满足阈值需求，如 08-15 部署节点 2 中"生物"事件增量为零，节点 1 中"生物"事件特征案例数量在维持前一阶段上升后，未发生新的案例协同，案例保持不变。

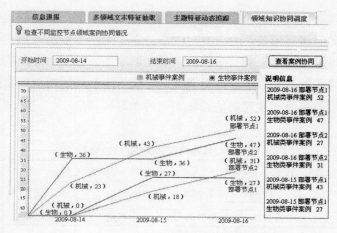

图 10-6 领域知识协同调度

# 习　　题

　　1. 对比云计算架构，说明 e-Science 应用服务在其中所处的位置，并进一步阐述 e-Science 应用服务发展的必要性。

　　2. 简述 e-Science 应用服务的数据特点。

　　3. 结合实际应用，试列举两种 e-Science 应用实例。